—

“有些事，现在看来不过如此，但在当时，真的就是一个人一秒一秒熬过来的。”

——德卡

我走了很远的路，才来到你的面前

小马哥 著

中国轻工业出版社

我走了 很远的路，
才来到你的 面前

‡

这世界，哪有什么顺风顺水，

生活里，哪有什么一步登天的快捷方式，

远方的目的地都是一步一个脚印踩过去的。

只有　努力，
不会辜负　你自己

STRIVE

梦想，唯有你努力争取，
才会有曙光乍现；
只有坚持不懈，
它才会向你露出笑脸。

幸福生活進萬財

生活可以 廉价

但梦想 不可以

STRIVE

所有的付出

都不会白白付出，

砸在地上的汗水是真的，

落在心上的泪水是真的，

但它浇灌出来的果实，

也是真的。

打开门是残酷的战场，关上门就是温暖的家。

和过去的自己和解，

然后好好爱现在的自己，

也许是我们每一个人值得用一生去领悟的事。

生活从来不会亏欠每一个努力的人

我们都只是

普通人

只有一次次狠狠地

磨砺自己

才能长出一身

坚硬的铠甲

全力奔跑，你才能和生命中最美的际遇相逢

聚散若匆匆，

往事早已成空。

其实，我们每个人心中都有一个无法忘记

却不得不忘记的人。

这些年，你记得成人之美，

体谅别人的苦痛，

也千万别忘了心疼自己，

世界虽大，

你也很重要。

在生活的路上经历风霜雨雪，

却从来不曾放弃！

序 1

Preface 1

生活可以廉价，但梦想不可以

准确地说，我跟小马哥只见过两次面，是因为我的两本书，他给我做了两期关于我的书的节目。小马哥的节目在晚上，每次都是老公开车带着恰好怀孕的我，把车停到央广对面的马路上，经过各层戒备森严的安保，等着小马哥下楼来接我。

每一次，我做完节目出来，整个大楼里几乎已经没人了，只有小马哥一个人，还在整理资料，还在准备明天的内容。每次我都出来跟老公说："做晚上的广播节目，好辛苦的。"

我是个很爱听广播的人，从很小的时候开始，晚上早早躺在被窝里，手里拿一个收音机，开着小小的声音，听到睡着。我特别喜欢听阅读类的节目，我依稀记得每个午夜的晚上，轻柔的音乐，读书的声音，伴我入梦。可如今才知道，每一个我睡着之后的时光里，他们都是夜幕里孤独回家的人。

小马哥看上去就是个很有故事的人，没多聊过什么，但就是一种感觉。读完他的这本书，每一章节都让我震撼。我从没有想过，他的故事会如此跌宕起伏，而且充满了时代感。我也无法想象，一个初中都没读完的人，做了十年汽车修理工的人，需要用多大的努力和勇气，才能进入央广的大门，成为每一个午夜陪伴我们的人。

我是个写励志书出身的人，我也曾写下我的很多过往经历，但与小马哥相比，不值一提。

小马哥说，他经常会路过他曾经住过的北四环小营世纪村小区地下室，屋子散发着潮湿的霉味，房间很小，大概只能放下三张单人床和一个小桌子。半夜有人走过大声吵闹的声音，不远处的公共卫生间冲水的声音，舍友们熟睡中发出的打鼾的声音，这些都清晰入耳。

看到这一段，我便想起了自己刚毕业住过的6平方米的房间，三家公用的卫生间和厨房，现在想来，脏得都不知道如何下脚，但当年却住得安心。在这偌大的城市里，有自己一张能安心睡觉的床，已经很不容易，谁还会在乎别的呢？只是在未来某一天，自己回想起来的时候，有点心酸，但也有一种踏踏实实的安慰感。我们每个人，都从那样的日子里走来，每个人都有自己数不清的卑微的日子，但却闪着光透着亮，照亮每个人的心尖尖。

我记得我大二有一次来北京上课，课程晚上10点结束，每天坐公交车回租的房子里。那么晚了，公交车上还人满为患。大家都挤在车厢电视前，看《幸运52》，来度过漫长的公交车时间。那个时候我就在想，这是怎样一座城市呢？每个人的眼睛里，都有一团火，照着他们的内心的梦。

读小马哥的故事时，我仿佛能看到，他写下的每一个字，都那么实在，实在到字里行间都仿佛用尽了所有的努力，为了他心中的那团火和那个梦。这些年来，我看过不少励志书籍，但唯独这一本，让我有这样的感觉。

小马哥并没有多高的起点，也没有显赫的家境，但他的努力，却是那么的真实可感。我甚至都舍不得读完这本书，因为每段话都会勾起我对自己过往故事的回忆。那些埋藏在内心深处的奋斗故事，想起来会有些兴奋，自己曾经那么那么努力，像一只兴奋的麋鹿，对这个世界到处张望。

读这本书的时候啊，我一直在想一个问题：小马哥到底有没有女朋友呢？我一直没问过，也忘了问，这么努力这么好这么实在的一个人，午夜回家会有一盏等着他的灯吗？甚至一边读还一边想，我周围有没有合适的女生介绍给他？

读到后来我发现，他已经结婚了，有了一个每天晚上等他回家的人。

真好，真的。小马哥，你值得拥有现在幸福的一切。

一直特立独行的猫

2018年1月30日午夜一点于北京家中

序
2

Preface 2

给小马哥的序

有一个女孩，和妈妈吵架，离家出走。

饿了三天，站在一家面馆前流口水。

面馆老板是个好心的女人，给女孩吃了碗面，女孩感动得热泪盈眶，说了自己离家出走的原因，还说，阿姨，以后您就是我的妈妈了。

她以为女人会很感动，但女人说，孩子，我给你吃了一碗面，你就认我当妈妈，你妈妈在你的一生里，给你吃了多少碗面呢？

说完，女人站了起来，女孩如梦方醒，哭着回家了。

我想，那个陌生人，给了女孩子一辈子难以忘记的感动。

小马哥就是这么一个"陌生人"，一个大众的"陌生人"。

26岁，他一个人从新疆来到北京，本来专业和播音主持没有任何关系，却进了央广当了主持人，这一当，就到了今天。无数次，他的声音，都从那个电台，穿越到了更远的地方，成为大家耳熟能详的陌生人。

他的节目叫《品味书香》，每次我出了新书，都会去他那里做客。

我很喜欢他的声音，尤其是在晚上，每当他的声音从车里传来，从收音机里飘过时，你总会觉得，自己在大城市里没有那么孤单。

我曾问过他，为什么要一直做这个节目。

他说，因为这个节目能给人带来温暖，我在北京时，就是因为这样简单的温暖，才坚持了下来。

第三次做客他的节目，已经是我的第三本书刚刚诞生之时。节目间隙的广告时间。

他说："尚龙，这三年你的变化真大，已经从一个青涩的少年变成了一个中年。”

我说：“是的，而且还油腻了。”

他说，“你觉得我的节目有什么变化？”

我说，“好像广告少了点。”

他也笑了，说，“真的吗？我还以为你会说没变化呢。”

仔细想想，的确，没什么变化，三年了，他永远在电台的另一端，默默地读着暖心的文字，给远方素未谋面的人，虽然形式不一，但永远是那种感觉。

于是，我说，“还真是，没什么变化。”

他说，他想一直把这个节目做下去，哪怕他并不知道电台那边是谁，从小马，到大马，到以后的老马，他说，他都在。

我记得这句话，这句来自大众“陌生人”的话。

录完那期节目后，我和他在电台门口简单寒暄了两句，然后匆匆离去。毕竟，北京这座城市，永远披着忙碌的外衣，透着孤单的灵魂。

李尚龙

目录

contents

■ Chapter 01

你吃的苦，终将照亮你未来的路

我走了很远的路，才来到你的面前

02 Chapter ■

生活，从来不会亏欠每一个努力的人

目录

contents

■ Chapter 03

全力奔跑，你才能和生命中最美的际遇相逢

04 Chapter ■

如果，你生来没有羽翼

Chapter 01

你吃的苦，
终将 照亮你未来的路

我们每个人，
都可以
化梦为骨，
带着梦想
铸就一身肝胆，
勇敢地走进
自己的梦想。

哪有什么顺风顺水

还不是和命运死磕

这世界，哪有什么顺风顺水，
生活里，哪有什么一步登天的快捷方式，
远方的目的地都是一步一个脚印踩过去的。

有那么几年，曾经的同学或工友来北京出差、旅游，我所在的中央人民广播电台成了他们必到的地方，仿佛这也成了一个旅游景点。

他们在参观完我的工作环境，尤其是看完传说中的直播室后，总会说一句“原来，你真的在‘中央台’做播音员，而不是修车啊”。

我哑然失笑，在故乡做汽修工十年，修车是我赖以生存的技能。

在他们的眼中，我即使离开了那个汽修厂，想要养活自己，还得靠这项技能。而且，在他们的意识中，能进中央人民广播电台工作，尤其是做播音员，不是高官后代，没有耀人眼目的学历，那是不可能的。

他们和我是同学，知道我的起点，父母早亡，中学未毕业就开始修车，和他们一样在戈壁大漠度过自己的青春年华。即使是在我工作的汽修厂的广播站，我也没能做成广播员，怎么我离开故乡三年多，就进了国家电台工作?

所以每一次，他们问起这个话题，我都不知怎么回答，就只好说：“我只是走运而已。”

只有我知道，人生，哪有那么多的好运气。

是的，我起点低，初三只上了不到一学期就辍学了，至今也没有一张中学毕业证。所以在故乡，我只能做最辛苦的工作。而广播站的播音员，不是官员子弟，就是相关专业的人才，与我是毫无干系的。

幸好，在故乡修车的十年中，我遇到了广播和书籍。

它们，打开了我通往外面世界的窗口，也支撑着我脱下沾满油污的工作服，走出那片我曾流汗流泪的土地，来到首都北京，追寻那一直萦绕心头的梦想。

当然，寻梦的路是崎岖的，初来北京没几天，我就感到了诸多不适应。

住宿的问题，是一个同乡帮联系了学校负责管理宿舍的老师。也还幸运，恰巧正值暑假，宿舍空余的床位较多，我便很顺利地住进了学校。

那间宿舍里有四个同学，尽管已经放假，但他们都没有回家，整天在宿舍里打牌聊天，逍遥自由得不得了。而我这样一个外人突然闯进来，打破了他们的平衡，他们很不习惯，于是通宵玩闹、喝酒，意图通过这种方式撵我走。

后来某个晚上，实在受不了他们的吵闹，又不好意思开口请他们安静下来，我就在操场待了整整一夜。

那年我26岁，他们都比我小，又都是富家子弟，我这个贫寒的大龄青年在他们看来根本就不是一路人。

我很清楚，他们在宿舍里整夜打牌喝酒狂欢到深夜的目的。

如果在以前，我可能会跟他们理论几句，但是当时我身上的钱很有限，外面的招待所绝对是住不起的，也只有这收费低的学校宿舍我能住得起。所以，我必须要让他们接纳我。

于是从那天起，起床后，我就主动收拾宿舍，打好开水。午饭时，他

寻梦的路是崎岖的，初来北京没几天，我就感到了诸多不适应。

们还没有起，就帮他们打好饭，晚上他们玩他们的，我睡我的，居然也就顺利入睡了。

几天下来，我们熟悉了，他们也就不好意思再这样对我了。

不过，这还只是一个小插曲。

生活，逐渐向我展示了它残酷的一面。

从新疆出来，我身上只有三万多块钱，但随着缴完学费，加上一些其他生活费的支出，钱越来越少。

课余时间，为了赚钱贴补生活，我会做点配音和解说的工作。

有一个冬夜，央视的一档节目叫我去试音。

晚上八点前到，七点半，我就到了约好的录音机房。当时，我口袋里只剩下十块钱，之前一档节目的配音费用大概还有一星期才能拿到。我想，如果今晚试音顺利通过的话，恳请下节目组的老师看能不能先支一百元钱，这样，我就能熬过这一星期。

没想到，那天录音很不顺利，机房一直到晚上11点才轮到我。五分钟的片子，我反反复复录了将近半小时才完成。

从皂君庙的机房到传媒大学的公交车，末班车是晚上12点。如果12点前告诉我是否通过，即使不给我提前支取工资，让我能赶上末班车就行。这样，十块钱也足够我回学校的车费了。

可时间一点点过去，我焦急地等待着结果，一个多小时后，他们才告诉我没有通过，而那时已经是凌晨一点半。

摸着口袋里那张孤独的十块钱，我嗫嚅着恳请节目组的那位老师，让我能在门口的沙发上挨过一晚，因为我实在没有钱打车回学校了。那个年轻的老师看了看我，勉强答应了下来，叮嘱我天一亮就得赶紧离开。

那一夜，失落和怀疑让我无法入睡。

播音是我一直以来所喜欢的，为了它，我丢了铁饭碗，远离亲人朋友，背井离乡，千里迢迢来到北京学习。可是，我居然连一个节目组的配音要求都达不到，那将来，我还能依靠这个生活吗？

那个冬夜，我蜷缩在那个录音机房的沙发上，孤独落寞，直到天色渐明。

很多年之后，每次当我路过北京皂君庙的那家机房，总会想起当年的那一幕。我真想走到那个在暗夜里伤怀疲惫的年轻人身边，陪他坐下来，告诉他这点小挫折不算什么，谁的娴熟技能不是从失败中一点点积累起来的呢？在错误中总结经验，然后经过千百次的锤炼，你总会越来越精进，越来越成熟的。没关系，坚持着走过去，你总会迎来明媚的阳光。

这些年，每次当我失去斗志的时候，我都会回到我在女子学院读书时住过的那个地下室看看。

北京，北四环小营世纪村小区。我曾住在这个听上去很气派的小区里一个由防空洞改装而成的地下出租屋。

顺着楼梯往下走。楼梯很狭窄，下面却是别有洞天。

第一次进去，那条一眼望不到头的长走廊深深地震撼了我，恐怖片也不过如此吧。走廊两边是密密麻麻的木门，木门上头便是一个巴掌大的排气口。每个门上边都有一个号码，大概是老板为了方便管理。

走廊尽头的那间房，就是我和当时的同学一起租住的地方。

因为是地下室，所以屋子散发着潮湿的霉味。

房间很小，大概只能放下三张单人床和一个小桌子。唯一让我觉得给

生活可以麻木，但梦想不可以。

房间增加了几分色彩的，是桌子角落里堆得高高的一摞书。

这里房间与房间之间的墙就是很薄的一块板，没有丝毫隔音的效果。

半夜有人走过大声吵闹的声音，不远处的公共卫生间冲水的声音，舍友们熟睡中发出的打鼾的声音，这些都清晰入耳。

然而，当生活将隐藏的伤口赤裸裸地撕裂给我们看时，我们能做什么，除了接受？

生活可以廉价，但梦想不可以。

正是在这样的环境里，我越发懂得，梦想，唯有你努力争取，才会有曙光乍现；只有你坚持不懈，它才会向你露出笑脸。

其实，这世界，哪有什么顺风顺水；生活里，哪有什么一步登天的快捷方式，远方的目的地都是一步一个脚印踩过去的。

这其中，你会走过泥泞，面对困难，经历磨难，每一样事情都有可能打败你，然后让你投降放弃。但是跨过去，战胜它们，这才会让你成长。

人生就是在这样不断地轮回。

也只有死磕到底，你才会最终获得你想要的东西。

I

别让血凉下来，别言说放弃

人生就是一个缓慢受挫的过程，我们一天天老去，
哪怕在岁月的荆棘里遍体鳞伤，哪怕曾经的热血渐渐冷却。
然而，舔完伤口，我们只能自己站起来。

那一年，我穿梭在六档节目之间，所有的目的地，似乎只有一个，那就是直播间；所有的空闲，似乎只有一种状态，那就是赶稿子，联系嘉宾做采访。

二环的房子，沉重的房贷，压得我喘不过气来。

就在这时，我接到了大姐的一个电话。她已经从西安赶到了新疆库车的医院里。她说，二姐病了。听电话的那一刻，我整个人都是懵的，不知道自己是在梦里还是在现实里。

父母早亡，我是大姐和二姐拉扯大的孩子。对她们的感情，强于父母之爱。

当我终于回到新疆，走进医院时，大姐已经比之前瘦了一大圈，似乎被风一吹，整个人就会倒下。见我到来，大姐似乎心愿已了，终于蜷在躺椅里，睡着了。我无法想象，之前那么多个日夜，她是如何扛过来的。每晚窝在这躺椅里，也只是闭闭眼，她都不敢让自己真正入睡。

这是父母去世之后，我经历的又一次巨大痛苦。

在生死之间，陪伴二姐走过生命的最后一程，成了我在这个世上最为重要的事情。

身上插满管子的二姐，已经深度昏迷。医生说，她可能撑不过下个月，各种并发症和器官衰竭随时可能发生。即便是勉强撑过去，也是植物人了。

哀莫大于心死，医生的话和大姐绝望的目光，全都落在了我的心上。

那一刻，我的心惶恐得不知所措，曾经所有的努力，仿佛都是无能为力。

走向二姐的床边时，我的心底涌现出无数个缺口，数不清的悲伤扑面而来，灌入我的身体，比刀扎还疼痛，比坚冰还寒冷。

我抓起二姐的手，在她耳边说了很多从未对她说过的话。真的是已经来不及了，但是我却想要对她说：“姐姐，我爱你。”

我知道她听不见，但我还是要说。

她已经没有意识了，但我仍要说给她听。

我知道她不会睁开眼睛，但我仍旧要盯着她的眼睛看。

我的心疼得无法自已!

那一个月里，情绪就像伤口，在我心里不断地溃烂，忧伤成河。

人世间的所有功名利禄、喜怒哀乐，在生死面前，显得那样渺小，那样微不足道。

我愿用我的一切去交换二姐的生命，只要有可能。

然而，所有的可能，只有一种可能，那就是眼睁睁地看着心爱的二姐，离去。

一个月后，二姐病逝。她走时，已经瘦成一个小团。我把她抱在怀里，就像她小时候抱着我一样。

多么希望时间可以逆流而上，回到我们曾经相依为命的日子。那时，每天太阳照常升起，空气中弥漫着欢乐；那时，厨房里永远飘来饭香，吃

那一刻，我的心惶恐得不知所措，曾经所有的努力，仿佛都是无能为力。

完你帮我把书包背上。

你，永在，我身旁。

那段时间，我的情绪低落，内心的伤口一直在溃烂，无法结痂，无法愈合。

直到，我认识了庆安。

我是在一次活动中认识的庆安，晚宴时，我正好与他坐在一起，当我们向彼此介绍自己时，庆安的身份一下子激起我的好奇心，他是一名法医，每天要面对的，是残破的肢体，惊悚的尸身。当他提及“耻骨联合”“尸体解剖”时，我不免会感到胃部不适。

于是我问他：“你为什么选择这个职业？”

他回答：“我要替死去的人说话。”

我一脸疑惑，抬眼看了看前这个和我年纪相仿的男人。

他微笑着，又一次说：“我要替死去的人说话。”

后来我才知道，庆安的父母，在他高考前不久，因煤气中毒双双去世了，而那一晚，他正巧在爷爷奶奶家。

提及此事，庆安说：“后来警察认定死亡原因是煤气中毒，没有再调查，但我知道是谁干的。”

“我找了好多地方，没人相信我的话，后来我没考上大学，就决定自杀。是爷爷发现了我，把我从绳子上救了下来。我在医院里躺了三天，在那三天里我暂时性失明了，眼前只有白茫茫一片。没过一年，爷爷奶奶因病相继去世，我就决定去上医专的法医专业，我想知道这一切都是为什么，我要替死去的人说话。”

说这些话的时候，他一脸平静，仿佛在讲述别人的故事，然而他的话却搅动了我沉寂了许久的心湖。

我问他：“那个你怀疑的人呢，他后来怎么样了？”

庆安说：“他在一次车祸中死了，自始至终，我也没能找到证据，证明是他在我们家煤气上做了手脚，而且，那时候的科技水平还没有现在这么发达，很多推断无法得到证实。”

我问他：“人生最痛苦、最灰暗、最悲伤的时候，你是怎么扛过去的？”

他说：“死的人已经死了，活着的人还得活着，死的人肯定不想看到你寻死，死的人都希望你好好活着，因为他们爱你，就算是死了，也还是爱着你。”

半晌的静寂之后，他接着说：“所以，扛不过去也要扛，生活本来就是没商量的，不讲道理的。”

无所谓坚持，无所谓成败，甚至，无所谓生死，挺住，意味着一切。

很长一段时间，我都在思考一个问题：“生活的本质是悲伤的吗？”

我想了很久很久，才有勇气给出回答：“恐怕是的。”

那么，然后呢？

然后，就是左手持剑，右手有光，燃烧伤口，扛过一切悲伤。

无所谓坚持，无所谓成败，甚至，无所谓生死，挺住，意味着一切。

勇往直前也罢，步履蹒跚也罢，总要走过去。

哪怕你的亲人游走在生死边缘，正躺在病床上，随时可能永远地闭上眼睛；哪怕你在忙乱的工作中不得抽身，每晚在书桌前忙得喘不过气；哪怕你的车子被人撬了、被人偷了；哪怕在你最窘迫的时候，钱包还不翼而飞，身份证、银行卡统统在里面……你，也还是不能倒下。

人生就是一个缓慢受捶的过程，我们一天天老去，哪怕在岁月的荆棘里遍体鳞伤，哪怕曾经的热血渐渐冷却。然而，舔完伤口，我们只能自己站起来。

你不站起来，没人会拉你起来。

不必苛责世界的不公。

世界不是恶意的，也不是善意的。

世界是无意的。

不管是朝霞还是夕阳，都是美妙的，也都是悲凉的。

朋友会分离、爱人会走散、亲人会离开，这些让人不愿直面的真相，始终会客观地存在着。

既然是客观存在，那么我们唯一能做的，就是认清它。

然后，走过去。

勇往直前也罢，步履蹒跚也罢，总要走过去。

所有的悲伤，都和年龄无关；所有的境遇，都无可预测。

不管何时何地，只要它劈头盖脸地倾泻下来，你都必须“接盘”。

时间永不会逆流， 太阳仍一天天从东方升起，落向西方。

火车永不回头，厨房里再没有童年的饭香。

你，永不在我身边。

然而，我却不能让血凉下去，不能。

即便有一天，一身赘肉，伤病缠身。

只要还活着，我们就不能言说放弃，哪怕努力到无能为力，拼搏到感动自己。

即便无比寂寞，也要努力拼命地奔跑。

所谓的成功，只是一个结果，它也许水到渠成，也许永无来日。

比起生死，这些都不重要。

重要的是，永远不要让血冷下去！永远不要言说放弃！

I

还好，迷茫中我没有放弃

我始终相信，在这个世界上，
一定有另一个自己，在做着我不敢做的事，
过着我想过的生活。

最近，收到一份听众朋友的留言，留言中她问我：她选择了安逸的工作环境，嫁为人妇，现在也有了孩子，却突然觉得自己失去了对生活的热情，失去了追寻梦想的动力，是不是自己的一生就注定这样度过了？

我想，既然她有勇气说出自己的这份困惑，就意味着她心底里还珍藏着对自己的承诺，还念念不忘着自己未完成的心愿。

我相信，她需要的是一份鞭策，一个契机，还有，一些来自同样心怀梦想的陌生人的故事。

那年离开故乡的时候，我被问到的最多的一个问题就是：

去北京，你能干什么呢？

当时的我，并不能清晰地说出这个问题的答案。然而，于我心底却始终有着一个广播梦。它，始终执著地附在我的心底，与我骨血相揉，不可分离。

在无数个繁星低垂的夜色里，我都会将它拿出来在心底慢慢勾勒出一个美梦。

一天的工作结束之后，我会打开小小的半导体，跟随着它，我获取知识，也开启想象。在那些或柔美纯净，或低沉浑厚声音的牵引下，我年轻的心开始恣意飞扬。

只是，对当时的我来说，那终究只是一个梦而已。

还好的是，我没有放弃。

虽然，我不知道离开故乡寻梦的过程，我将要面对的一切是什么，凶险与否都是未知。但是，我知道若要改变命运，我就要执著地去努力争取一切。哪怕，从头再来。

诚如，我的最初揣测。

我的寻梦之路，一路颠沛，一路流离。然而，在北京这座城，又有几人不是这样走过。

他们中，有太多的人和我一样，来自外地，怀揣梦想，每日步履匆匆地穿梭于这个城市冷峻而高大的楼宇之间。也会为了一个项目，或者N个项目，废寝忘食，不过却甘之如饴。

我曾问过一个朋友："倘若不曾来北京，你的生活将会如何继续？"

她想了想说："那肯定是做着那份外表光鲜，而实则无趣的国企工作，几年之后，无疑就是嫁为人妇，相夫教子，在那个我长大的小城镇里，了此残生。"

我说："这样的生活不正是很多人所希望的吗？安稳舒适。"

她说："是啊，最初也觉得这样没什么不好，至少很稳定，也很诱人，诱人得难以抗拒，就像是严寒冬雪季节里，周末早上的热被窝，真想一直在里面舒舒服服地沉沦下去。然而，时日久了，人就会生厌，当这样的安逸成了常态，就会觉得太无趣，就会渴望寻求改变，并且这种渴望会变得越来越强烈，逃离就成了必然的结果。"

若要改变命运，我就要执着地去努力争取一切。
哪怕从头再来。

还有一位年轻的朋友，出身于演艺世家，父亲是著名导演，母亲是电影剪辑师，一家子有十几个人都在演艺媒体界工作，凭借这样的关系网，他完全可以毫不费力地得到一份待遇优厚的工作，周围人也都认为他会顺理成章地走上家人为他铺好的路，从此衣食无忧，一生平顺。可是，他却让所有人大跌眼镜，放弃了家人为他准备的一切。转而努力汲取知识，凭借自己的能力，考上国内一流的高校，选择了跟家族背景毫无关联的医学专业，经常在实验室里一待就是一整天，辛苦不说，报酬也不多，但他毫不在意。

我曾问他："何必这么辛苦呢？你所拥有的一切，很多人奋斗一生也未必能够赶超。"当时他回答我说："我拥有的东西，应该是我自己奋斗得来的，我希望我因为做自己而得到别人尊重，而不是因为我是某某人的儿子。"

前不久我联系他，他告诉我自己已经手握好几项国家专利，目前正在带领自己的团队从事阿尔茨海默症的相关研究。

除了身边一起并肩奋斗的同事和朋友，这些年在工作和生活中，我还遇到了很多青涩稚嫩的面孔。

他们就像当年的我们一样，毅然北上，四处奔波，只为获得一份心仪的工作机会。无论生活如何艰辛，他们的眼神始终真挚而坚定，望着他们，听着他们讲述自己的故事，我仿佛看到了那时的自己。

为了实现自己那个遥远的广播梦，于当时的我而言，也许拼尽全力也未必能够实现，可是，不全力地拼搏一次，为之努力一次，又怎么能知道自己实现不了呢？

所以，为了改变，为了梦想，我们每个人都应该为自己努力拼搏一把才对。

时常，我们会陷入一种生活状态：对生活失去热情，对什么都得过且过，没有追求，空虚、无聊着。

这一切，皆来源于太过安逸的生活。安逸使人惰性，惰性就会有所束缚，我们要做的，就是去尝试一些新的选择，每天进步一点点，去走一条看不见结局的路，不断地学着给生活一个机会，给自己一个机会。

你要过平庸的生活，就遇见普通的困难；你要过最好的生活，就遇见最艰难的挑战。

临近毕业季，很多同学都在忙着找工作，是听父母的话回到故乡接受那个已经安排好的安稳工作，还是听从自己内心虽然微弱但一直召唤自己的声音去寻求更大更广阔的发展空间？究竟哪一种生活才是自己想要的？我们无从知晓，答案在自己的脚下。

曾有一位听众在微博中给我留言，说她正面临人生的重大抉择，一边是自己面前正有一个特别好的留学机会，但是需要在国外学习三年，另一边是可以和相恋好几年的男友一起进入同一家公司，但这家公司却并不是她最想去的。如果错失留学的机会，可能以后很多年都无法遇到这样难得的深造机会，但如果离开，就意味着要和恋人告别，和自己熟悉的一切安稳和舒适告别，步入一个完全陌生的国度，一切都要重新开始，她不知道

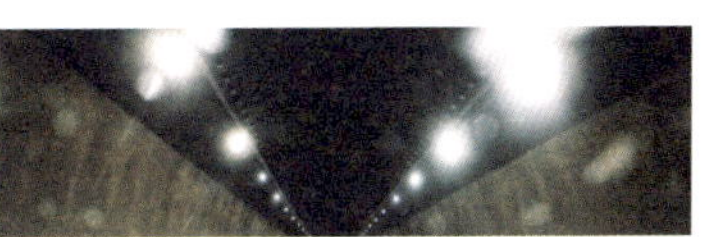

你选择平庸的生活，就遇见普通的困难；
你要过最好的生活，就遇见最艰难的挑战。

自己能否承受得住离开的代价。

人生有时很奇怪，因为很多个当时当刻看上去无比艰难纠结的选择时刻，很多年过去后再回望，只是无数个分岔路口中的一个，因为人生不会在选择发生的那一刻停滞不前，时光永不停息地向前奔流，你也在不断前行，重要的不是那一个个抉择，而是选择之后你的所作所为，这些才是真正决定你人生方向的桨舵。

我有些开玩笑似的回复她："建议你可以用抛掷硬币的方式去决定，而我想硬币在被抛出的那一刻，你就已经知道自己心中的答案了。如果感情是你最大的顾虑，那你也正好可以借这个机会考验你们在校园里发芽的爱情究竟能否经历三年分离的考验，因为我可以确定地告诉你，距离绝不是世间爱情最大的阻碍。"

玩笑归玩笑，我知道，所有的人生故事都是属于别人的，所有的经验之谈都是海市蜃楼，你的人生，永远只因你自己当下的行为而发生改变，而改变发生的最好时刻，就在现在。

尝试放大脑海中那个习惯性微弱的“我可以”，遮盖住那个狂笑着控制住你的“我害怕”。你会发现，一切都没有那么难，人只活一次，所以人生中哪怕只有那么一次，去逼迫自己跳出舒适区，走入完全陌生的新世界，你会发现，原来自己比想象中更有趣，更自信，更坚强。

动画电影《猫的报恩》里有这样一句话：我始终相信，在这个世界上，一定有另一个自己，在做着我不敢做的事，过着我想过的生活。

其实，在我们每个人的内心，都住着另一个自己，在做着曾经自己不敢做的事情。

也是，只要我们愿意，就没有我们不敢做的事，就能过上我们想过的生活。

坚持不下去的时候

就换一种姿态让梦融入你的生命

上帝给每个人都准备了礼物，只不过每个人的礼物不同，
有的很容易找到，比如美丽的外表等。
有的很珍贵，但不好找，需要努力才能找到。

电台里来了一位从地方电台来中央台交流的同行，说是想见我，寒暄了几句之后，他就充满疑惑地问我："我曾听你在《千里共良宵》节目里说过，你以前是做汽车修理工的，这激励了很多听众，可我还是有点不敢相信，汽车修理工和国家电台的主持人，这之间简直天差地别，这是真的吗？你到底是怎么做到的？"

这些年，我已经习惯了这个问题，听友、同事、领导以及采访对象，在听到我的肯定答复之后，都会睁大眼睛，表示真是太不可思议了。

其实我也曾带着类似的疑问，采访过一位80岁的小作家。80岁了，怎么还是小作家？这位叫姜淑梅的奶奶说："我75岁才开始写作，到现在才出了三本小说，和那些作品等身的资深作家相比，我不就是一位小作家吗？"

姜淑梅奶奶是一位地道的农民，她和我们身边的很多普通老人一样，一直是家庭主妇，一辈子不辞辛苦，养儿育女。

60岁之前她只字不识，一切改变源于1996年的一场车祸。

60岁那年，姜淑梅的老伴去世了，闺女艾苓为了分散老人的精力，就建议她开始学认字和写字，于是，为了转移自己的悲伤情绪，姜淑梅开始跟着自己上一年级的孙子一起学写字，她告诉我说："我学认字的时候，有一个方法，就是自己编歌词，叫我外孙写出来，我这样学认字很快，也不用问别人。然后我就一个一个念，念熟了呢，我就拿着笔跟着画，我外孙说，姥姥，你这样写字不对，从上到下，从里到外，从左到右你得记住这几样，这叫笔画，我就记住了。"

学会了读写简单的字，姜淑梅又开始看孩子的小人书和童话故事，她看的第一本大部头是《一千零一夜》，那些充满神秘色彩和想象力的故事，激起了她的写作欲望。

她想，自己从旧社会走过来，也听过和看过太多的故事，如果能用自己的方式把它们写下来，让现在更多的年轻人看到，那该多好。

在75岁那年，姜淑梅奶奶正式开始写故事。

在一般人眼里，70多岁的老人就该安安稳稳地乐享晚年，学写字那是小孩子的事情，伏案写作那更是作家的事情，所以当初没人相信，目不识丁的姜淑梅能够写成一本书。

但是，在女儿艾苓不断地鼓励下，姜奶奶的第一本书《乱时候，穷时候》，终于在2013年出版。

在这本书里，姜奶奶用质朴而充满力量的语言，再现了一部老百姓亲笔书写的乱穷中国史。

小说出版后，好评如潮，不仅获得了新浪好书榜2013年度30大好书，豆瓣读书2013年度最受关注图书等，还为姜奶奶赢得了一大批“姜丝”。

这些，鼓励了姜淑梅奶奶，她笔耕不辍，陆续又出版了《苦菜花，甘蔗芽》和《长脖子的女人》，从文盲到作家，十五年如一日，一天一点进步，这就是发生在姜奶奶身上的“奇迹”。

没有什么秘诀，一切只因为她想要做这件事，无论别人说什么，她若是想做，便没有什么力量能够阻拦那力透纸背的笔尖。

也许你会说，姜奶奶之所以备受关注，是因为这样的故事寥寥无几，因为她拥有家人的支持和鼓励，更多的普通人并没有太多选择的权利，就算心有不甘，迫于生活的压力，还是不得不按部就班地做着一份糊口的工作，默默无闻地忍受着岁月的磨蚀。

其实，哪有什么是固化的不变的，始终能变的是自己，是自己要不要改变的恒心。

电影《立春》里，蒋雯丽饰演的女主角王彩玲是一个县城声乐老师，貌不出众却有一副好嗓子。她一心想到北京实现她的音乐梦，她想唱到北京，唱到巴黎，但是最终失败了。

很多希望走上专业道路的人或许都经历过这样的幻灭时刻。很多人从此彻底远离了自己的艺术梦想，扔掉琴谱，卖掉乐器，将躁动不安的心完全封存起来，从此与梦想“一刀两断”。

其实，梦想的美好之处，不就在于它那遥不可及、若隐若现的吸引力吗？

让这样一份美好，从自己的生命里消失是一件多么可惜的事情。

有时候，坚持不下去的时候，换一种姿态，把梦的力量融入生命里，融入呼吸和心跳声中，那么，当机遇找上门时，这股力量便会化作一只巨大的手掌，托举起你，令你成为瞩目的闪耀的星。

就像，在《英国达人秀》上一鸣惊人的苏珊大妈。

其实，梦想的美好之外，
不就在于它那遥不可及、若隐若现的吸引力吗？

她的故事，曾让无数人唏嘘。

从小，因智力比同龄儿童迟缓而备受欺辱，学习成绩不好，长得也不好看，同学们都不喜欢和她在一起玩，更不喜欢她唱歌。她曾哭着问妈妈上帝为什么不公平，妈妈告诉她："上帝给每个人都准备了礼物，只不过每个人的礼物不同，有的很容易找到，比如美丽的外表等。有的很珍贵，但不好找，需要努力才能找到。"

后来，苏珊天天都唱歌，没有人愿意听她唱，她就来到山顶对着天地放歌，很多动物都成为了她的听众。

就这样，她一直坚持了几十年，直到2009年，一位老者无意中听见了她的歌声，很是感动，给了她一张名片，告诉她有一个地方会有很多人听她唱歌。

几天后，她来到了英国达人秀的舞台，之后，就有了这位家喻户晓的苏珊大妈。

这样一夜实现人生巨变的故事，是很多人津津乐道的谈资，但在无数无人倾听的孤独岁月里，苏珊大妈是如何用青春和生命砥砺自己的歌喉的？没有人真的知道。

无论是姜淑梅奶奶还是苏珊大妈，她们都曾是别人眼中最普通、最不起眼的那类人，她们或被人嘲笑过，或被生活重压过，或被社会抛弃过，可她们始终没有放弃自己，没有放弃对梦想的追逐。

她们的努力，值得拥有大大的梦想。

媒体曾报道了一则新闻，引起很多人的关注。

一位文化水平只有小学四年级的60岁农民吴正奎，画作竟卖出天价，部分画作还被我国唯一的国家级民族博物馆——中国民族文化博物馆收藏。

吴正奎是贵州大方县农民画的7位传承人之一。

从小，他就对绘画有着浓厚的兴趣。13岁时，母亲去世，他为讨生活开始上山放牛。放牛的间隙，他就捡来树枝在沙土上画画，刨土捏捏泥人。

1976年，19岁的吴正奎遇见了伯乐，从此走上了农民画创作的道路。如今作品远展海外，并被重金买走。

且看这新闻的标题如何夺人眼球：“小学四年级的文化水平”和“天价画作”，这之间巨大的差别强烈地冲击着每个读者的心灵。

但细想之下，并不矛盾，当别的孩子坐在教室里聆听老师的谆谆教诲时，吴正奎虽然离开了学校，但却没有停止学习的脚步，山野丛林充当他的灵感女神，大地河流成为他的画板颜料，在日月山川的润泽里，他早已突破了普通教育体制的局限，尽情地铺展开属于自己的梦想画卷。

为什么这些实现华丽蜕变，梦想成真的人都生活在新闻里，自己身边却没有几个呢?

其实你仔细回忆，用心倾听，会发现在距离你不远的地方，有不少这样的追梦人:

高中时班里的“奇葩”男同学，在别人还在发愁背课文的时候，他却疯狂地迷上了计算机编程。每天抱着一本艰涩难懂的英文版编程书看得入迷，看着他的样子，大家都觉得很可笑。

而十几年后，你偶尔从老同学口里听说他现在是一名美国硅谷软件开发工程师的那一刻，会感到惊讶吗?

隔壁老张家的女儿，从小就是街坊邻里谈论的对象。

不好好学习，也不爱打扮自己，就喜欢在外面疯跑野玩。攀登、骑行、游泳，是她的最爱。

大家都觉得这孩子长大肯定没有什么出息。

毕业后你回到家找工作，却听妈妈说起，老张家的女儿在大学期间就已经组建了自己的户外俱乐部，这个从小就对山川景点如数家珍的女孩，带着自己骑行队跨越了大半个中国。现在，已经在湖光山色间经营起自己的小旅店，谈笑间宾客满座，乐得逍遥自在。

自古以来追梦成功者都不是神话人物，他们就在我们身边，就在与你擦肩而过的人中间。

无论境遇如何、起点高低，他们都一个共同点，那就是选择了一个目标，然后持续努力，哪怕进步很慢，只要不停下脚步，那么终有一天，积蓄日月精华的梦想之花会尽情绽放，舒展开每一片汁液丰盈的花瓣，惊艳岁月。

梦想不是挂在嘴边的口号，不是打在白布上的幻灯片，也不是锁在柜子里的秘密，它是支撑起追梦人腰杆儿的那一股子精神气，是能让如芦苇般脆弱的人在经历无数次失败和跌倒后，还能站起来继续前行的，深入骨髓的力量。

无论奋斗的理由是什么，只要你心中有未竟的梦，就沉淀下来。

南方以南，以梦为马。

我们每个人，都可化梦为骨，带着梦想铸就一身肝胆，勇敢地走进自己的梦想！

还未拼尽全力

就别说自己不可以

有多少年轻人，放弃了在故乡稳定的工作环境，
一心留在北京，希望将来能在这里闯出自己的一片天地。

前不久，一篇《北京，有2000万人假装在生活》的文章在网上风靡传播。

文章中描述了老北京土著对城市膨胀、空气污染的无奈，也细数了更多在北京生活的外地人，日复一日的辛苦劳作，却仍然结不起婚，生不起病，买不起房的苦涩与辛酸。

很多年轻人，在微信朋友圈里转发了这篇文章，配上了自己的感慨和笑中带泪的表情。

一些听众，也开始跟我在留言区讨论，询问我难道他们来到北京的初心如今已经被定义为“假装生活”了吗？

其中，有一个男孩在留言中告诉我他在北京的生活状态：他说自己就是在北京假装生活的那两千多万人中的一个，毕业两年了，每月收入还不到六千块钱，其中的一半要付房租，而租住的地方离公司还有大约一个小时的路程，每天早上他和生活在这座城市里的千千万万的人一起挤公交、换地铁，比肩接踵，“肌肤相亲”。

单位要求八点半准时打卡，迟到一次罚一百。

刚工作的那个月，他因为不熟悉路线，迟到了十五次。因为不是正好上的整月的班，所以那个月工资才不到三千元，迟到就被扣去一半，最后房租是爸妈接济的。

每天，上班的时间是从早上八点半到下午六点。

一般，他的午餐就在单位附近解决，通常吃的很简单，一碗面条或者一个盖饭，连饮料都很少喝，还不如在大学时候的生活惬意。上学时，他点外卖时每次都要点一瓶饮料的。而今，现在自己挣钱，才知道原来钱挣的是这么的艰辛不易。

在单位上班也不好过，每天有大量繁琐的工作要处理。

除了工作外，还有最伤人脑筋的人情世故。有相处得好的同事，也总能遇到暗中使绊子的人。他在部门里是最年轻，资历最浅的一个，所以各种杂事和苦差事总是落到他头上，能在六点准时下班真要谢天谢地了。

单位虽不是那么理想，但是顾不得寂寞，人来人往里总还觉得自己不是一个人。然而，下班后没有朋友聚会，没有约会，没有大餐，没有电影和KTV，租住的小屋是他唯一的去处。

寂寞，就自然而生了。

到家，通常是晚上七点二十分。

他先在附近的小馆子里，点一个小菜，吃一碗米饭，吃完饭无处可去，只能回家。上周的衣服还堆着没有洗，和他合租的两对夫妻，互相也不说什么话，只有在他不小心把垃圾留在客厅时，才会听到有女人抱怨和斥责的声音……

这就是他在北京的生活，他不知道自己还能在这里待多久，也不知道别人都是怎么在这座城市里生活的，生活的意义又是什么？

如果有通过努力就能到达的彼岸，谁会不向往？

这个男孩的故事，虽然不能代表2000多万人的生活，但也许是很多来到北京时间不长的年轻人日常生活的真实写照。

但是，在北京城朝夕奋斗的2000多万个鲜活的生命，真的可以用“假装生活”这简单几个字来概括吗？

也许这样的生活看似没有乐趣，没有结果，没有尽头。

可是，任何一个高速发展的城市，都充满了竞争和挑战的压力，这些压力催促着各行各业的人们去拼、去努力，去赢得那百里挑一的任职机会。

不过，这却是你在这个城市驻足的基础。

因为一切资源都是有限的，无论是土地资源、教育资源，还是医疗资源和养老资源，甚至是休闲旅游资源、公共文化资源，没有任何一个城市可以提供每个人都满意的一切。

为了提升生活品质，你要做的唯有奋斗。

你可以说这样的生活很残酷，很现实，但它却是最公平，最平等的，并且充满了那么多的希望与机会。

衡量一个城市的质量，首先要看这个城市的机制，如果这个城市的运转机制相对合理，那么，剩下的一切，就是看谁有真本事了。

北京，能够提供给无数人一个相对公平的竞争平台。

如果有通过努力就能到达的彼岸，谁会不向往？而这正是在靠关系和人情生存的小城市里，很难找到的。

你看到的北京人情冷漠，生存压力大，就说在假装生活，可你看到过他们认真生活的样子吗？

有多少年轻人，放弃了在故乡稳定的工作环境，一心留在北京，希望将来能在这里闯出自己的一片天地。

工作压力大，项目任务重，可是这样磨练心智，提升能力的机会，一生又能有几回？

黎明前的夜，总是最黑暗的。

我有一个比我晚进入媒体行业的朋友。

他跟我一样，在入行之前也从事着其他毫不相关的工作，只因不甘于一辈子浑浑噩噩地度过，他拼尽全力在北京驻足，住过地下室，吃过白水泡馒头。但是，他却不觉得这是苦。

隔行如隔山，为了能早点赶上同事，他每天汲取大量新闻信息，温习理论知识。为了一个小小的采访任务，他会连夜准备资料，让自己的稿件保有一个超高的水准。

这些年，我看着他依靠自己的努力，升职加薪，累并幸福着。

记得有一次我问他，“这些年在北京打拼，吃过亏，受过累，到这把年纪还没有成家，值吗？”

他说：“我不知道这些苦吃的值不值，我只知道，如果当初没有下定决心来北京，我会后悔一辈子。”

我身边还有很多年轻人，他们从实习期开始就在北京郊区租房子，每天朝九晚六地挤地铁、赶公交。

钱赚得少，尽量能不花钱就不花钱，可是一年到头，能用攒下的钱给家乡的爸爸妈妈换一部新手机，买一台平板电脑，年夜饭就也比从前更香。他们在追梦的旅途中坚持前行，一路不仅收获了成长，还在这个偌大的城市播种下爱与希望，好像无数颗闪烁的星星布满北京城的夜空，光芒微弱，却能照亮整个城市，为生活奔忙着的人们照亮每个角落，照亮千千万万条从一无所有到尊严行走的奋斗之路。

其实，他们并不是“假装”在生活，而是认真面对每一天。

对自己的生活保留一份敬意，对他人的努力给予一些宽容。

生活，本无真假之分，每个人都有自己不同的生活姿态，你可以过得苦涩悲戚，也可以过得有滋有味，就看你自己怎么选择了。但无论如何，都是真真切切存在着的，生活的艰辛和苦涩，它可以消磨掉软弱者的意志，但却更能激发强者的斗志，让他们更执著而用力地活着。

无论你是选择逃离北上广，还是义无反顾地坚守在这里。

无论你是皇城根儿下的“老北京”，还是写字楼里的“新移民”，只要你在这块土地上行走过、生活过，就都是认认真真地活着的。就应对自己的生活保留一份敬意，对他人的努力给予一些宽容。

如此，你便会惊喜发现，这里就是你的“诗和远方”！

Chapter 02

生活，
从来不会亏欠每一个努力的人

如果生活也给你，
或即将给你
一个选择的机会，
我愿你
选择早一些尝到
生活的苦。

I

只有努力
命运才会眷顾你

我曾以为，自己是一个非常不幸的人。
直到有一天，我遇到了……

从我记事起，就在日复一日的现实生活中感受着命运的残酷。

对我来说，活着似乎从来都不是一件容易的事。

早年家贫，生活的境地随着父亲的早逝和母亲的多病每况愈下。虽然，我是家里最小的孩子，母亲疼爱我，哥哥姐姐们照顾我，但贫贱生活百事哀，每日见家人为生活辛苦奔忙，我怎能做一个心安理得的旁观者呢？

那时，在我看来，为生存而活的人生，容不下“理想”二字。

其实，年轻的我内心深处也藏匿着无数对多彩人生的憧憬，但在残酷的现实面前，我没有选择的资本。

就这样，十六岁那年，我离开了校园，像一粒尘埃，裹挟在招工的茫茫洪流中。

那年，我成了一名修车工。

一望无际的戈壁滩，凛冽刺骨的朔北疾风，日复一日单调劳累的维修工作，以及怎么洗也洗不干净的沾满油污的手套……没有什么能比这一切更能压抑一颗年轻骚动的心。

那时的我，每天与自卑和压抑为伍，因为渴望去到与这不一样的地方，整日里都会从嘴里不自知地冒出几句呓语来，如同痴人说梦，随即湮没在大家的笑闹声中。

那时的我，就犹如折翼的飞鸟，尽管不能翱翔天宇，梦想，却始终汹涌在心头。

是的，我想离开，离开自己熟悉的一切，离开亲人和故土，去寻找另一片属于自己的天空。

就在我惆怅不已的时候，我遇到了老章。在那一望无际的戈壁滩上，我终于抓住了一根救命的稻草。

老章是我的师傅，我成为修车工的那一年，他二十八岁。

老章是与众不同的，我第一次见他的时候，他正在捧着一本书，在班组休息室里认真地在读。

老章是第一个肯听我诉说的人。很多时候，我热切地跟他诉说内心的渴望及烦忧，老章就静静地听着。老章不嘲笑我，也不鄙视我，他和我一样，心里也住着一个爱做梦的孩子；他和我一样，在内心深处，渴望着摆脱当下的生活状态。

老章是心疼我的。别的师傅都爱使唤徒弟，让徒弟洗自己那沾满油污的工作服，还有那用脏的油腻腻的手套，然而老章却不会，他总是对我亲切地说：“你还是个小孩。”

在做他徒弟的那些日子，他从没让我帮他洗过任何东西，哪怕一双手套。

老章总鼓励我多看书。他说：“没有白读的书，以后总有机会用到。”

老章从不笑我。他偶尔会指点着我的鼻子，乐呵呵地说我人小鬼大，对于我对未来的向往，他也全盘相信，他说：“你肯定能走出戈壁滩，到那外面的精彩世界。”

因为老章，我渐渐地不再那么自卑了，那些无数个早起练声的日子，那些不知被我翻看过多少遍，书角都已卷起的理论书籍，为我的胸膛注入了鲁莽但无畏的力量。很快，我得到了在故乡县城小电台里做兼职业余主持人的机会，这份工作对我来说，无异于暗夜中璀璨的启明星，它为我乏

那颗被我冰封冷藏的梦想种子，
终于在春风雨露的润泽中渐渐萌芽。

味单调的修车生活点亮了一盏不灭的指航灯，照亮了我迷茫混沌的心灵。那颗被我冰封冷藏的梦想种子，终于在春风雨露的润泽中渐渐萌芽。

后来，当小小的修理厂再也容不下我心中的梦想时，我决定去北京。

当时家里尽管不宽裕，但哥哥姐姐们都没有阻拦我。

于是，我怀揣着企业转制补给我的三万多块钱，踏上了开往北京的火车。

这些年，一路走来，周遭总会有一些朋友，在初识我时，发出这样的感慨：

“你真是好幸运啊，不是所有人都能像你这么好命的。”

“能取得今天的成绩，你命里肯定不缺贵人吧？”

每当听到这些话，我都禁不住苦笑。没错，我的确是一个被命运眷顾的人，然而，我又是经历了怎样绝望的挣扎和自卑的彷徨，才终于抓住了命运女神向我投下的这攀向高处的绳索！

初到北京的日子，真的不好过。带来的生活费，在交了房租后便所剩无几，尽管我节省一切必要或者不必要的开支，依旧日日拮据，这样的生活持续了很长一段时间，几乎将我最初的热情和满腹的壮志消磨殆尽。

但在，在这座城市里，我并不孤单，无数怀揣梦想的年轻人和我一样，在这里欢笑、哭泣，在这里无数次跌倒又无数次爬起。既然无数的年轻人最终都可以笑着屹立在这片热土，我又为什么不能？

时间作证，我的努力没有白费。

二十八岁那年秋天，我终于考上了梦想的学校。在这里，我遇到了生命中许许多多志同道合的朋友。他们中，或许家境殷实、或许家境贫寒，然而，他们和我一样，都站在梦想的同一起点上，我们一起学习、一起生活。惺惺相惜的情谊，在我们中间萌芽、生长，也让我在这个偌大的城市里，感受到从未有过的温暖。

宿舍的几个兄弟里，我的经济状况最差，他们每次约我一起出去吃饭玩耍时，我总是找各种理由推辞。起初，他们以为我为人孤僻，不好相处，但时间一久，大家明白了我的生活境况。于是，这些善良而热情的兄弟们，今天请我吃饭，明天给我介绍个私活。

这些年，他们给过我的关怀和温暖，始终如若冬日的暖阳，伴我前行。

也是在这所学校里，我遇到了我人生里的第一位伯乐——葛兰老师。

葛兰老师是中国播音界的前辈，中华女子学院播音与主持艺术专业教授，同时也是中华女子学院播音专业的创立者。二十八岁那年，我有幸成为她中华女子学院播音专业大专班的一名学生，成为中华女子学院历史上第一批男生中的一个。

时间作证，我的努力没有白费。

那时的我，虽然喜欢播音主持已经很多年了，但从专业角度来看，还有很多语音问题没有解决，葛兰老师一面不断地鼓励我，一面又不断地纠正我的语音问题。在了解到我的生活情况后，她还经常在课余给我介绍各种配音的活儿。

正是在葛兰老师和宿舍兄弟们的帮助下，我每月还都能赚到一些钱来补贴温饱。

大专二年级时，我的积蓄已所剩无几，而课余配音赚的钱，也仅基本保证日常伙食开销。所以，到交学费时，我真是一筹莫展，也实在不好意思向哥哥姐姐们张口。

记得那一次，去葛兰老师家吃饭，我满腹愁惆怅地吃着，满脑子都是怎么能够筹到学费，却没想到，葛兰老师竟然对我说：“小马，你平时学习很努力，生活上又很简朴，这些我都看在眼里，像你这么珍惜学习机会的学生，我一定会帮助你完成学业，学费你就不用再操心了，我已经向学校申请减免了你的学费，你就只管好好学习吧！”

那一刻，我觉得整个世界都豁然亮了起来，感动得一句话也说不出来。

在女子学院的那两年，葛兰老师一直非常照顾我。学校的伙食油水少，我们又都是能吃的小伙子，于是，每到周末，葛兰老师就把我们几个男生叫到家里，给我们包饺子、炖肉吃。她见我们住在地下室里，潮湿阴暗，条件较差，就自己掏钱帮我们租了楼房。

在葛兰老师的帮助下，两年时间里，我从一个莽撞的门外汉，逐渐走上了播音专业的正轨，我的文化课成绩也从入学时的最后一名，成为全班第一名。

毕业那年，我还获得了“中华女子学院优秀毕业生”的称号。

如果说，一路走来，我真的很幸运，那这一路上，我遇到的这些人，才真正是我幸运的源头。

义无反顾支持我踏上寻梦征程的家人，鼓励我好男儿志在四方的师傅老章，萍水相逢却渡我走过困境的兄弟和朋友，还有助我在专业领域入门并不断提升的葛兰老师，以及那些帮助过我的前辈、师长。可以这么说，如果没有他们，我也不会成为现在的我。

这些人，这一生，一个也不会忘。

我，真的幸运吗？

我，真的好命吗？

其实，一路走来，我发现，不管出身、不管来路，我们都是一样的。

只要还活着，我们就必须努力，认认真真地过每一天。

逆境和挑战，困难和挫折，永远都在，然而，命运的眷顾，也永远都在，只要你努力向上攀爬。

一路上，你难免会心酸，难免会抱怨，难免会哀叹人生，难免会羡慕旁人。但是，你又能否感觉到，在不远的人生拐角后，在那些看不见的地方，命运女神已经悄悄地抛下一根绳索。

不要怕跌入谷底，只要你肯站起来，迈步向前，重新出发，你会发现，无论你往哪个方向走，都是在朝上走，这时候，只要你能发现那根绳索并牢牢地抓住它，那接下来的一切，便会否极泰来。

纵使命运惑爱捉弄世人，
但它永远不会辜负一颗一生向上、一生向善的心。

在这个世界上，我们都是渺小的，我们也都是卑微的。

曾经，我以为，自己是一个非常不幸的人。

曾经怒问苍天，为什么要让我经历许多同龄人都未曾经历的苦痛与不幸?

曾经哀叹不已，认定自己是那个被命运抛弃的人。

曾经以为，自己承受着人生本不能承受的苦痛，在迷茫与未知的黑夜中孤独前行。

直到有一天，我发现，自己原来一直被命运所眷顾，那些好似突然从天而降的机会；那些不离不弃陪伴我、鼓励我、支持我的人们，一直都在。只要我勇敢地迎上去，便无需担心自己受之有愧。命运既然选择了我，无论好与坏，都是恩赐。

总有一天，你也会发现，原来，地下那潮湿幽暗、盘曲错节、貌似丑陋的根系上，竟然也能开出世上最美丽最娇艳的花朵。纵使命运总爱捉弄世人，但它永远不会辜负一颗一生向上、一生向善的心。

诚如稻盛和夫说过的：不管是顺境也好、逆境也好——不管自己处在何种境遇，都要抱着积极的心态朝前看，任何时候都要拼命工作，持续努力，这才是最重要的。

只有努力，命运才会眷顾你！

对那些窘迫至极的日子说声谢谢

你挺过了，人生会豁然开朗；
挺不过的，时间也会教你如何与它们握手言和。

二十八岁那年的秋天，我成为北京一所女子学院历史上第一批男生中的一个。

你没看错，是女子学院，一位我所敬仰的播音前辈认为我有一副好嗓子，是做播音工作的料，所以跟校方争取，破格招收了我。

就这样，我在中断读书十几年后，开始了自己的大学生活，开始了自己的广播梦。

十六岁，初中还没有毕业就因为生计辍学，能够去上女子学院，对于我来说太过珍贵。

在专业课顺利通过之后，接下来是成人高考。

为了能通过考试，考前半年，我开始复习高中课程。当时我住在广播学院的宿舍里，每天早上四点多起床，先背英语单词，然后是高中语文和政治。数学因为中断了太久，学起来最吃力，所以我一般用一整天时间来学习它，学基本的概念，复习基本的例题。

北京的冬天，早起是一件太痛苦的事情。

四点多，窗外还一片漆黑，我便从被窝里爬起，蹑手蹑脚地离开寝室。

凌晨的北京，北风呼啸，我瑟缩着拿出《许国璋英语》，从初级开始读。冰冷的路灯下，我一遍遍地读着最基本的单词和句子，偶尔会有早起晨跑的老人和从附近网吧里刷夜回来的学生从我身边经过。

既然已经迟了那么多年，那就比别人付出更多的努力吧。

宿舍里几个舍友，对于要去考大专的我表示费解。

他们觉得，我都这个年纪了，即使通过了成人高考，等大专读完也近三十岁了。大专的文凭还是低，年纪又大，到时哪家电台会要我。

这些话，我也曾想过，但是为了圆我的大学梦，我必须要脚踏实地。

有了大专学历，我才可能继续升本科。

很小的时候，大姐就曾鼓励我“笨鸟先飞早入林”。

既然已经迟了那么多年，那就比别人付出更多的努力吧。

就这样，心无旁骛的我按着自己的目标前行，半年后，真顺利通过了成人高考，正式成为了中华女子学院的一名学生。

一心读书我能做到，但是不再年轻的我不能不考虑如何自己养活自己。

哥哥姐姐们都已经成家，有自己的生活，让他们从微薄的收入里挤出钱来接济我，不可能，我也做不到。

从新疆出来，我的全部积蓄就三万六千块。

不过，这笔钱对我来说太宝贵了，这是我未来几年读书生活的全部支出。所以，每花一分钱，我都得周密计划一番。

生活开支，已经压缩到最低。

当时，学校食堂每天下午都会有最便宜的菜卖，一份四毛钱，都是中午吃剩的菜烩在一起的。不过，这种菜却是卖的最快的，开餐大概半小时就没有了，所以，我总会在开餐前半小时，把复习功课的地点挪到食堂，这样既可以继续复习又可以吃上最经济实惠的饭菜。

舍友们总问我，你怎么那么早吃饭，我就笑说自己长身体，饿得快。

那一年，我还在用bb机。

后来，为了能更多地接触到外界，找到一些出去配音的零活来补充生计，哥哥把自己淘汰下来一部旧手机寄给了我。

这，是我人生中拥有的第一部手机。

它，也成了我跟外界交流的唯一工具，有了它，基本上每个月我都能接到4到5个配音的活儿，每月有了三四百元的收入。

后来很长一段时间，我都用着这部手机。

尽管找我配音的人已经渐渐多了起来，尽管收入也不再那么窘迫，但是，有它在身边，我就会觉得很心安。

2001年的9月，我终于走进了女子学院。

尽管只是大专，尽管常被人尴尬地问："你一男的，怎么读女子学院？"但，能够有书读，我已经觉得很满足了。

话说，若不是上了这个女子学院，断然不会有我现在的成绩。它，是我的起点，亦是我攀爬到梦想的支点。

若干年过去，我还是会常常想起这段时光。

有时，我也会想，也许踽踽行走在这个都市的你和我一样，也曾度过一段窘迫灰暗的日子，你是怎么熬过来的？

一定也曾流过泪、伤怀过、落寞过，在绝望的边缘挣扎过吧！

不过，还好它们终究都会过去。

那些生活艰难，工作失意，学业压力重，抑或爱得惶惶不可终日的时光，它们终究都会过去。

你挺过了，人生会豁然开朗；挺不过的，时间也会教你如何与它们握手言和。

所以，我们都别怕，也不必害怕。

每一个少年的心里
都应住着一头狮子

苦难是人生的垫脚石，对于强者来说是笔财富，
身处苦难，你承担了，战胜了，你必会成长。

曾经，我也是别人眼里的差生。

初三上学期的化学考试，全班只有3个学生没有及格，而我，就是其中之一。

至今记得，当时的化学老师，一个南方男人，带着厚厚的眼镜，很惋惜地对我说："你的成绩一向都不错，怎么现在这么差，整天吊儿郎当、没精打采的。马上就要中考了，你再这样下去，怎么行啊？"

他的话像把刀子，扎进我的心里……

而我也是那届学生中，唯一一个退学的，而且是主动退学的。

那年十一月，乌鲁木齐的冬天异常寒冷。

一个雪花纷飞的日子，我走进了校长的办公室。我不敢直视他的眼睛，我听得见自己的心跳，然而我却不得不开口说：我要退学。我听见他的叹息，我看见他的哀怜，不过他体谅我，接受了我的退学申请。

走出校长办公室的时候，远远地，我看到了那位化学老师。

于是，我低下头，仓皇跑开……

后来，我去了汽修厂，并且主动申请去了最艰苦的地方。

乌尔禾、达坂城、克拉玛依……

高大的井架、无人的旷野、肆虐的风……

如果这个世界上真的有时间隧道，可以让我重新来过，我想我还是会选择退学。

不过，如果说苦难真的是人生的垫脚石，我还是希望，在曾经走过的道路上，没有太多的苦难。

对于一个家庭来说，父亲的早亡，无疑是一场持久的灾难。

特别是对于母亲孱弱，有两个男孩和两个女孩的家庭来说。

不过，我因为有母亲和大姐二姐的呵护，在父亲去世后，我还是过得无忧无虑的。

当时的我，还没有深刻感知生活拮据和贫困的机会。

除了偶尔看到小伙伴们手里捧着好吃的好玩的，自己却没有那么多零食和玩具时，我的内心会有些不甘和失落之外，并没有太多烦恼，也从未感到过自卑。

这世间既没有那么多的顺风顺水，也没有那么多的厄运连连。

父亲去世后，单位招工，照顾贫困家庭，大我九岁的大姐进了厂区医院做护士。这对母亲来说，是当时最大的安慰了，大姐不仅可以赚钱养家，而且在当时看来，护士工作对于年纪尚小的大姐来说，也是份比较轻松的工作。

那时，大姐就成了家里的顶梁柱，尽管刚开始工作，她每月的工资仅有72块钱。

每月，大姐把工资悉数交给母亲。

这世间既没有那么多的顺风顺水，也没有那么多的厄运连连。

母亲根据一家人的吃穿再做调配，一家五口人，除了柴米油盐等生活必需支出，剩下的，母亲都攒起来，以备急用。

那时候，对于二姐、哥哥和我来说，最开心的日子，就是大姐发工资的日子。倒不是因为大姐发了工资，母亲就会在饭桌上添上一盘久违的辣子鸡，而是因为大姐除了工资，还会有一点点奖金，而我们就有了久违的零食。

起初，大姐的奖金很少，每个月只有5块钱。

后来，大姐去上班的时间越来越早，病人也越来越多，直到大姐成了科室里的业务骨干，一针就能搞定别的护士解决不了的难题，我们的零食和家里的日用品才逐渐多了一些。

再后来，大姐开始买各种参考书，自学高中课程。

如果说生活是一杯茶，那么大姐就和母亲一起，硬是把一杯苦茶熬成了清香的好茶。

大姐工作后的第二年，哥哥去了独山子工作。

哥哥，自小调皮捣蛋，母亲不在身边的日子，他虽过得紧紧巴巴，却也能够独立应对自己的生活了。

那时候，每隔两三个月，哥哥就会回家一趟。

男孩似乎不像女孩那么顾家，每次哥哥回来，我都盼着他能带回来好吃的好玩的，可惜每次愿望都会落空。不过我还是盼着他回家，因为哥哥一回来，一家人团聚在一起是那么温馨热闹。

每次，母亲都会杀一只鸡，做她最拿手的辣子鸡给我们吃。

一家五口人，四个孩子围坐在母亲身旁，抢着吃鸡块，这样的场景，是我一辈子都不会忘记的温暖场景。

生活的清苦，会催人成长。

大姐、二姐虽是女孩，可从来没讲吃讲穿，更不爱慕虚荣。

我六一节穿的白衬衫、冬天穿的新棉袄，还有过年穿的新衣服，都是她俩省吃俭用给我买的。

我，要用单薄的肩膀扛起自己的生活。

二姐最疼我，她曾经对我说，长大了，要攒很多钱，带我到北京去吃烤鸭。她总把家里最好的东西留给我。我最爱吃饺子，每次家里包饺子，她都把自己的那一份留给我。

说来，我的童年生活充满了各种各样的温情。

只是，后来母亲的身体越来越差，照顾我的事情都落在二姐头上。

人家说，上帝关上了一扇门，就会打开一扇窗。如果不是大姐和二姐，也许，就不会有我的今天。

二姐文科成绩很好，可数理化却很不好。为了早点给家里减负，她读了家附近的一所技校。

大姐颇觉可惜，但以二姐的成绩，即便读了高中，也未必能考上大学，即便真的考上了，家里也实在没有办法继续供她读书。

大姐对我们说，只要好好学习，日子再苦都不怕，总能挺过去。

然而，当真正的苦难来临之际，我还是无路可逃。

那年秋天，母亲病重，我们姐弟四个围在母亲的病床前，一个个哭成泪人。

那晚，母亲艰难地把手表取下来，戴在大姐的手腕上。那块手表是父亲和母亲结婚时，父亲买给母亲的礼物，也是当时我们家最贵重的东西，母亲非常珍爱，一直戴在手腕上。

母亲说："花花，以后这个家就靠你了，好好照顾弟妹。老二、老三、老四，你们都别哭了，你们以后都要听大姐的……"

那天夜里，母亲去世。

也就是从那夜开始，我告别了无忧无虑的生活，开始意识到，自己是个大孩子了，虽然我的肩膀还很瘦弱，但要去面对自己的人生了。

当时大姐和哥哥都到了该成家的年纪，这让我的内心充满了焦虑，我不想再给他们增添太多的生活负担。

而生活的变故，也让我再无法安心读书，我开始想办法，试图寻找人生的出路。只是十六岁的少年，哪里有那么多的眼界和开阔的思路，我仿佛一下子钻进了人生的死胡同，困惑、迷茫压得我喘不过气来。

我的成绩，也就在这不安和焦虑中，逐渐滑落。

化学成绩公布的那天，在回家的路上，我想了很多很多。

没错，即便是大姐和哥哥陆续成家，他们也会尽心尽力地继续供我读书，但是他们的收入都不高，负担我的学费，必然就会拖累他们自己的小家庭。

我已经十六岁了，我要像他们一样，早早的养活自己，为自己的生活负责。

偶然有一天，听同学聊起，父母的单位要招工，解决困难家庭子女的就业问题。我没有太多的犹豫，就下定决心退学去参加招工。

我，要用单薄的肩膀扛起自己的生活。

那年十一月，故乡的冬天异常寒冷，校长的体谅让我惭愧，我实在没有勇气再去面对曾经的老师和同学……

后来，很多年，我都没有跟还在继续读书的同学联系过。

在那些艰苦的地方，高大的井架下，无人的旷野里，肆虐的狂风中，我远离那些打牌喝酒的同事，一个人，捧着心爱的收音机，躲在别人看不见、听不见的地方，疯狂地收听着来自电波那头的声音，疯狂地畅想着自己别样的人生，疯狂地跟自己说话，疯狂地模仿着电波里的声音。

砸在地上的汗水是真的，落在心上的泪水是真的，
它浇灌出来的果实也是真的。

年少的我，狂热地爱上了播音，同事们都说我是疯子，说我是痴心妄想。一直到很多年后，我带当年的同事走进我所工作的直播室，他们才真正相信。

戈壁滩上，那个试图躲避同龄人，躲避熟悉的环境，整天被疲惫包裹、被汗水浸湿的少年；那个把播音当成青春的出口，在月光下一个又一个节目仔仔细细地听完，然后一句一句地说给自己听的少年。

多年后，我是如此感激他的选择、他的坚持。

我把这个关于差生的故事，如此赤裸裸地讲出来，是为了告诉所有心有猛狮的少年，所有的付出都不会白白付出，砸在地上的汗水是真的，落在心上的泪水是真的，但它浇灌出来的果实也是真的。

苦难是人生的垫脚石，对于强者来说更是一笔财富，身处苦难，你承担了，你战胜了，你必会成长。

其实，每个少年心里都应住着一头狮子，在人生经历苦难、彷徨和坎坷时，当无奈、孤苦和自卑席卷时，唯有我们自己，可以激活和唤醒内心那头勇猛的雄狮。

无人可以替代，只有我们自己。

I

你要相信，没有到不了的明天

她坚信，她和弟弟总有一天不再是卑微的寄居者，
在这里她将可以靠自己的双手勤劳工作，
以后弟弟也将在这里上学，一点点长成让她自豪的模样。

北京，北四环小营世纪村小区。

曾经有一段时间，我就住在这个由防空洞改造成的地下出租屋里。

记得第一次去看房，我和同学一路询问，才寻到小区深处的这个出租屋。顺着通往地下狭窄的楼梯一直走，走到楼梯尽头右转，看到一条长长的幽暗走廊。

就是这样一座潮湿阴冷的“地宫”，空着的房间也没有几间。

走廊尽头的那间房，是我和同学当时一起租住的地方。而小安的住处，在地下室一进门的第一间，只要有人走进地下室，小安就会探出头来，用她又黑又亮的眼睛张望，眸子里总会闪过一丝不安和犹疑。

有时经过小安的房间，会看到一个十多岁的男孩坐在凳子上玩耍，衣着整洁，神色却透出超乎同龄人的天真和无畏。

后来我们知道，原来地下室的主人是小安的一位远方表姑。

她表姑的丈夫，是这个小区管委会的一位工作人员，他们将防空洞改造成地下出租屋，供外来打工者和附近的学生租住，而小安在这里负责管理和打扫楼道卫生。

彼此熟络后，我听小安的表姑说起过她的故事。

小安的家住农村，长期干农活，使得脸上的皮肤黝黑粗糙，缺乏营养的头发干燥枯黄。

我们住的那段时间，是小安第二次来北京了。

十七岁那年，小安曾来过北京谋生。那时小安只身一人，面对偌大的北京，小安迷路了。北京太大了，大到道路需要一环套一环；北京又太小了，小到处处高楼耸立能容得下小安的却只有一间几平米的小屋。

我在小安房间门口看到的那个男孩，是她十二岁的智障弟弟，是小安最疼爱的人。他们姐弟俩的感情很好。

父亲去世之后，小安的母亲很担心自己离开人世后可怜的智障儿子没个着落。母亲的焦虑，小安全看到了眼里。她托人打听，知道像弟弟这样的孩子可以去上培智学校，学点生存技能，起码以后能养活自己。

于是，十七岁的小安求北京的表姑给自己找个工作，好攒钱送弟弟去上学。

第一次来，小安没有带弟弟。

刚开始工作，小安明显有些不适应。家乡虽不繁华，但毕竟是自己长大的地方，在那里自己是自由自在、无拘无束的，虽然要时常帮母亲下地干活，做家务，照顾弟弟，但却从没有低声下气地“伺候”过跟自己不相干的人。

然而，地下室的局面可就复杂多了。

居住在这里面的人，可谓三教九流，形形色色。

这里最不缺的就是素质低下，故意找茬的主儿。公共卫生间和楼道的地面，总是刚打扫完又被垃圾和秽物弄脏；刚换好不久的水龙头，还没咋用就又被肆意弄坏；还有19号租客，又拖欠房租，已经不知催了多少次，

北京又太小了，
小到外外高楼竟立能容得下小安的却只有一间几平米的小屋。

就是不交。

每每出现这种情况，表姑问起小安，她却什么也说不出来，只是狠狠地绞着手指，嘴里嘟嘟囔囔地咒骂着，眼睛盯着地面。

在地下室干了一段时间后，小安省吃俭用，总算攒了些钱。

可是没过多久，家里传来消息，母亲病重，催她赶紧回家。小安匆忙返乡，而她身上所有的积蓄还不够付一半儿的住院费。

为了给母亲治病，在亲戚朋友的催促声中，小安嫁人了。

她嫁给了一个死了媳妇的中年男人，男人不缺钱，母亲的住院费和手术费都有了着落。可是男人有酗酒的毛病，喝醉后常拿小安的弟弟出气，动不动就是一顿打骂。

每到这时，小安就会冲上前去，用自己单薄的身体横亘在不得不暂时委身的男人和哭喊着的弟弟中间。

而那一刻，也是她最绝望的时刻。

母亲去世后，小安没有耽搁片刻，很快带着弟弟来到北京。

这一次，她紧紧地牵着弟弟的手，在人潮和车流中穿行，脚步没有半分迟疑。

工作还是之前的工作，但小安需要更多钱，弟弟一天天长大了，她要尽快送他上学。

于是揽下更多脏活累活的小安再也没有向表姑抱怨过。

她没有时间抱怨，打开门是残酷的战场，关上门就是温暖的家。

只要姐弟俩可以在一起相依为命，什么苦什么累她都不怕，她最怕的是分离，是无法照顾到弟弟，无法给他一个温暖的可以安身的地方。

她担心弟弟没有任何知识基础，去培智学校会跟不上学习进度。

于是去书店买来了各种数字、拼音和认字挂图，每天干完活的闲暇时间，小安就拉着弟弟坐在板凳上，握着弟弟的手点着挂图上的发音按钮，弟弟学一句，她跟着纠正一句。

教一个智障儿童认字，真的比打发难缠的租客困难好多倍。

有时弟弟情绪不好，会乱吼乱叫地把挂图撕扯下来丢到一旁。这时小安就会紧紧抱着弟弟，拍着他的背，安抚他渐渐安静下来，然后捡起扯坏的挂图，用胶带一点点地粘好，再重新挂起来。

在这种时刻，姐姐温柔的抚慰再加一颗可乐味的棒棒糖总是能让小男孩彻底平静下来。

没过多久，楼道里又会响起姐弟俩的说笑声。

在我住的那段日子里，发生过这样一件事。

有一天下班回来，还没下楼梯，就听到有人在大声嚷嚷。在嘈杂的吵闹声中，我辨出有小安的声音，走下楼梯，只见一群人围着一个男人和小安，小安的臂弯里紧紧环着的是自己瘦弱的弟弟。

询问了身边围观的人，才知道事情的来龙去脉。

打开门是残酷的战场，关上门就是温暖的家。

原来，这个租客说自己今天下班回来发现放在房间枕头下的500块钱不见了，而今天一整天，房东一家去市里采购建材，为了多个人手拿东西，小安也跟着去了，就留下弟弟一个人在地下室的房间里。

小安回来时，正看见那个租客大声地质问着弟弟。

他是一口咬定，自己回来就看见这孩子正从他房间的方向跑过来。

毕竟除了房东和小安，平时能接触到租客房间钥匙的人也就只有她弟弟了。面对如此的质疑，小安弟弟哇哇大哭起来。

他还不知道究竟这是怎样一回事，在他的世界里还辨识不出这究竟发生了什么，他只看见好多人围着自己和姐姐，每个人说话声音都还那么大声，而姐姐的手臂则箍得他生疼。他能做的只有哭了。

是紧张、恐惧，还有惶恐的不知所以。

小安知道，她没有办法从弟弟嘴里问出什么，但弟弟连他们自己房间的门都不会开，又怎么可能从一长串钥匙中找到那个租客房间的钥匙呢？

于是，面对男人凶狠的搜身要求，小安不由分说地拒绝了。

租客急了，威胁说要报警，小安那双又黑又亮的眼睛闪着坚定地光芒，说："报就报，我们不怕你！"

男人便真的拨通了报警电话。

派出所的民警，很快来到并展开调查。

在排查到小安和弟弟时，小安积极地配合了搜查，在他们的房间里，民警什么也没有发现。

然而，在调查进行的第二天，民警发现丢钱男人隔壁房间的租客突然消失了。那人走得很匆忙，房间里一片狼藉，在一片废报纸下，民警发现了丢弃在地上的注射针管。

事情的结局，丢失的钱没有找到，那租客也搬走了。

之后在楼道里遇到小安，她的眸子里竟多了一丝丝的小骄傲。也许在小安心里，这件事情之后，她对偌大的首都终于渐渐地生出了一种归属感。她坚信，她和弟弟总有一天不再是卑微的寄居者，在这里她将可以靠自己的双手勤劳工作，以后弟弟也将在这里上学，一点点长成让她自豪的模样。

小安的骄傲，还不止于此，很快她就要做妈妈了。

那年逃离家乡时，她就已经怀上了中年男人的孩子。在知道自己怀孕的那天起，小安便更加坚定了要在北京扎根的想法。

不久，我搬离了那个幽暗的地下室。

在新的一个住处，我能感觉到自己距离梦想的实现又进了一步。而小安和弟弟还在那里，继续着他们的生活，一点点编织着属于他们的梦。

几年之后，我偶尔路过世纪村小区，突然很想知道小安和弟弟现况如何，于是拐到那个防空洞。

走下楼梯的那一刻，我看见第一间门缓缓地打开了，里面探出一张熟悉的面庞。是小安，她还在那里，只是比以前胖了些许，红润的脸庞上挂着意犹未尽的微笑。

我知道，那微笑的起点在门内。

吱呀一声，门又被推开了，里面摇摇晃晃地走出个小小的人儿，扎着羊角辫的小脸上挂着稚气的笑，紧跟着小女孩身后追出一个大男孩，嘴里叠声唤着“宝宝，宝宝”，伸展的手臂圈住意欲“逃跑”的小女孩，一个不小心，自己摔了个跟头，又是一阵笑声。

我也笑了，目光对上小安扬起的眼睛。

那一刻，在那对依旧又黑又亮的眼睛里，我知道，我看到了幸福的影子。

人生没有白走的路

每一步都算数

无论生活给了我们怎样的暴击，
只要我们坚定地走好脚下的路，总有一天时间会给出个说法，
人生没有白走的路，每一步都算数。

去一家公司谈事，在电梯口看到一个瘦瘦小小的女生走出来，一只手抱着纸箱，另一只手拿着手机打电话，声音很小，但能看到她的肩膀在颤抖，大概是哭了。

后来我听那家公司的人告诉我，她因为承受不了销售任务的压力，再加上生活成本太高，打算辞职回故乡了。

女孩瘦弱的背影，让我想起不久前外甥女晓雨打来的一通电话。

晓雨是我二姐的孩子，二姐去世后她一直跟着父亲生活。可是，近两年她父亲也生了一场大病，长时间卧床不起，一度生活不能自理。

我和大姐心疼这孩子，揽下了她读大学的费用和日常开销。

尽管我们都很关心她，可是因为工作太忙，加上我们各自都有家庭，所以只能尽量多地用钱来表达我们对她的爱。

如今她大学毕业，一个人在乌鲁木齐实习。

可是，实习的单位都不甚理想，连续换了三家实习单位，工作待遇很差不说，每天工作时间都长达十几个小时。

那天她打电话来告诉我，她和舍友闹翻了，打算再找房子，自己搬出去住。

让我感觉心酸的是，她在电话那头向我诉说这些时，语调平稳，语气淡然，好像在说的是别人事，听不出太大的情绪起伏。

从二姐去世的那一年，这个孩子就慢慢地变成了另一个人。

曾经在妈妈的娇惯下任性跋扈的小公主，慢慢地变得沉默寡言，现在到了实在走投无路的地步，才肯拿起电话向我求助。想到这些心里一阵难过，我难以想象她这样一个二十岁出头的女孩子，在人生地不熟的异乡城市里，要怎样独自面对那些困难。

看到那个抱着纸箱的女生时，我真想过去帮帮她。

不止因为她让我想起了晓雨，还因为她的难过和憋屈，我也曾经历过。但是我终究不知道我能做些什么，就像无论我和大姐如何努力想要帮晓雨挡住生活的苦，最终不得不面对生活的还是她自己。

成年后，大多数人生活里出现频率最高的关键词之一就是：硬扛。

工作时遇到瓶颈期，诸多困难，诸多难堪，然而就算在心里计划了八百次的辞职，一想到还过得去的薪酬待遇，一想到每天下班回到家迎上来的妻儿，便也只剩暗自叹气了。

远嫁他乡的女孩，从此家乡成了回不去的远方，即使在婆家受了委屈，然而看着年幼的孩子，事业的起步，即使再大的委屈也只剩默默地忍受。即便恰巧母亲打来电话问候，眼眶里委屈的泪水不断打转，最终还是抱着电话对母亲说一切都好，婆婆疼、老公爱、孩子懂事，没有比这更幸福了。

成年人的选择，是对是错都得自己扛。

相恋了好几年的姑娘，眼看着就要嫁给自己，对方父母却一而再再而

我们都只是普通人，只有一次次狠狠地磨砺自己，才能长出一身坚硬的铠甲。

三地提出要求。恋人夹在中间，心疼自己，却又不好违背父母的意思，能怎么办呢？为了心爱的姑娘，也为了对得起这些年彼此的付出，再苛刻的要求也只能尽力想办法满足，相信只要自己的心足够诚恳，终能感动丈母娘，抱得佳人归。

每个人都会从孩子变成成人，或成他人伴侣，也会成他人父母。从而在生活的磨砺里学会担当。

从前有父母，遇见再多再大的困难，他们的庇护和引导都是黑暗大海里亮起的灯塔，总能指引着我们平安靠岸。然而，离开他们走向社会，一切便只能靠自己了。父母已老，肩膀已瘦弱，再不是小时可以庇护我们的威猛的样子了。

所以，我们唯有自己扛起这生活。

我想，每个人就是这么过来的。

所以，从此我们开始习惯了每天早起挤地铁，习惯了在雨夜独自撑伞回家，习惯了生病自己吃药，习惯了故作坚强，也开始承认曾经的自命不凡只是年幼时的幻想。

渐渐地，生活帮我们看清了一个事实：或早或晚，生而为人，总会苦一阵，你可以选择最先品尝那些主旋律甜蜜美好的日子，尽可能把苦涩难耐留到后半生，也可以选择早一些承受生活的磨难。

成人世界里，没有谁是特别容易的。

我们都只是普通人，只有一次次狠狠地磨砺自己，才能长出一身坚硬的铠甲。

前段时间，一段视频在网上迅速传播，视频中：一个西装革履的年轻人坐在疾驰的地铁上，抱着自己的公文包，一面大口啃着面包，一面强忍着眼泪，没有人知道他究竟为何而哭，但看到这一幕，很多人都评论说，仿佛看到了自己。

是的，成人世界里的残酷大多相似。

而那一刻，无论有多难过，都要硬撑着填饱肚子，因为只要没死，就要继续活。

日本动漫《银魂》里有一句台词这样说："等你们长大成人了就会明白，人生还有眼泪也冲刷不干净的巨大悲伤，还有难忘的痛苦让你们即使想哭也不能流泪，所以真正坚强的人，都是越想哭反而笑得越大声，怀揣着痛苦和悲伤，即使如此，也要带上它们笑着前行。"

以前，年纪小失恋了会茶不思饭不想，整夜哭泣难眠；现在，就算相恋几年的爱人绝情离去，却也要留着泪去厨房给自己下一碗面，再加俩荷包蛋。因为，我们已经开始懂得，成人的世界只有好好爱自己，才可在不远的将来收获更好、更长久的爱。

以前，玻璃心，听不得一句否定和批评的话语，稍受委屈，就怀疑自己，怀疑人生，觉得世界一片灰暗，人生没有希望；现在，钢铁心，就算对方恶毒妄下评论，出口不逊，也选择微笑着面对，因为在内心深处，知道自己是怎么样的人，也知道生活是自己的，不是活给任何人看的，所以，不会逞一时口舌之快，惹彼此更不愉快。

以前，在工作中遇到挫折，第一反应就是愤恨抱怨，凭什么这种事都落在我头上，甚至悲观地认为社会的本质就是不公平；现在，即便是受了天大的委屈，也会先想原因，为什么和自己同一批进入公司的人能得到提拔，自己的工作业绩却不见任何起色？为什么自己总是被分配去做杂活、累活，而别人却可以接触到项目核心？

这个世界，本就没有公不公平之说，战胜生活的永远都是最强者。

能真正体悟到这些，大都是源于早早尝尽人生的苦涩的人。

没有人想要吃苦，苦难本身也并没有什么意义，可生活就是这样，它从不照本宣科地传授给你人生的道理，你要得到最宝贵的生存宝典，必须拿实践来换取，谁都无法替代你。

年少时，怕遇磨难，怕吃苦，恨不得自己的世界每天都被美好甜蜜所包围。

但生活没有给我太多的选择，它在我面前铺展开一条生死未卜、大雾弥漫又坎坷波折的小径。背负着不多的行囊，我踏上这条小径，从此风雨兼程，浮沉不悔。

如今，若问我如果生活再给我一次重来的机会，我是否还会选择这条路？

我能听见，自己心中肯定的回答。

这些年，我已渐渐认清了生活的真相，坚信美好温暖的事情从来不会轻易发生，苦过之后才会珍惜获得的甜。

如果生活也给你，或即将给你一个选择的机会，我愿你选择早一些尝到生活的苦。

在人生画卷铺展开来的最初笔触里，去体悟人生中刻骨铭心的苦与痛，用最浓重的色彩去渲染年轻稚嫩的生命，然后在接下来的人生里，你就能享受哪些用苦痛换来的丰硕果实，享受快马加鞭的快意人生，享受那云淡风轻的朗朗晴空。

所以，不要因为未登上顶点就停步不前，也不要因为胆怯就逃避过往。

无论生活给我们怎样的暴击，只要我们坚定地走好脚下的路，总有一天时间会给出个说法：人生没有白走的路，每一步都算数。

走过的岁月

都是我最好的时光

人生中没有哪一段时光会比另一段更好，
走过的岁月，都是我最好的时光。

如果时光倒退二十年，我断然想不到，有一天，我会成为一名主持人。

那时的我，在修车，大日野、五十铃、卡马斯……

这些轮胎，连同那些货车排放的呛人尾气，占据了我少年到青年的大部分时间。

庆幸的是，我的生活中还有一些奇妙的东西在牵引着我。

它们，来自于我枕边的小小收音机，那无数个难捱的夜晚，若没有它，会让我寂寞疲惫到窒息。

一开始，是消遣；后来，就成了深的依赖。

从里面传出的声音，为我灰暗的世界打开了一扇窗，我在这里获得知识，也获得乐趣，同时还充满了向往。

每天天不亮，我就穿好衣服，拿着收音机到户外去了。因为当时，舍友们多半还在梦乡。

晚上收工后，我又会打开收音机，近乎疯狂地倾听着。

那时，工友们都觉得这样的我个色，不合群。确实，除了听广播，我无任何其他爱好，我不会参与他们的打牌，更不会参与他们的喝酒。在他们眼中，我是个十足的异类。

现在想来，那时的狂热，才成就了现在的我。

二十六岁那年，当青春只剩下最后一段旅程时，我终于决定离开故乡，来到只在收音机里听过的北京城，开始追逐我的播音梦想。

现在想来，那时的狂热，才成就了现在的我。

然而，生活的残酷和严峻，远比余华的小说《在细雨中呼喊》的开头更具狰狞的张力。

经过艰苦地努力，我终于考上了中华女子学院的播音大专班。然而，学校只有女生宿舍，原本就不大的校舍根本无法腾出一间给我这个男生居住。

几经周折，我才在学校附近租住到一个即将拆迁的破旧的小区里。

如今，那里已是一片别墅区，豪华气派的别墅群里，出入的人非富即贵，可在当初，那里是一片荒地，毫无人气，沉寂得足以让人心灰意冷。

住的是一间地下室，每个月房租200块钱。

里面阴暗而潮湿，没有窗户，终日不见阳光，等我一年后搬家时，掀开床铺看到地面角落边长出一小撮蘑菇。洗过的衣服，晾晒了几天还是湿漉漉的。在阳光下暴晒过的被子刚铺到床上不久，就又会泛出湿哒哒的感觉。

为了避免生病，每天入睡时我都用双手垫在身体最脆弱的腰部，这个习惯直到搬进楼房很久后才改掉。

当时最大的、最直接的渴望，是能搬到地面上。

精神食粮，是大于物质快餐的，我可以做到一瓶豆腐乳外加两个馒头饱餐一顿。却无法做到，在夜里挑灯看书时，忍受那些来自于隔壁间的鼾声、放屁声，以及床笫之欢声。

那些年，对声音的热爱支撑了我的全部。

几乎所有的时间，我都用在练声、追求吐字发音的规整上。除此之外的时间，就是阅读文学书籍和读写英语。

即便如此，追梦的人生也算得上惬意而充实。

三十岁那年，经历了竞争激烈的笔试、面试，我终于幸运地成为了国家电台的一名主持人。

我希望用声音传递温暖的和感动的梦想似乎已经实现了，但很快，我就明白要想成为一个合格的主持人，我需要努力的还有太多太多，我的路还很漫长。

最初的广播生涯，是2003年在都市之声做一档早间音乐节目。

这座城市，总有翻船触礁的故事在发生，
也总有新的灯塔亮起……

因为是全频率的第一档节目，早上5点到岗，5点半开机、试线，调试设备，尽管会有相关的技术人员，但作为第一档节目的主持人还是要做相关的辅助工作。

为了不迟到，我每天定三个闹钟，分别是在凌晨4点10分，4点20分，4点30分。最常做的梦就是迟到，每一次从梦中惊醒都伴随着阵阵惊悸和满身的汗水。

这些，还只是困难的一部分。

那时，我还常常因为直播稿件不能通过领导的审阅而自卑。

印象最深的一次，是我的一篇三千字的直播稿件，竟然没有一个完整的句子通过，稿纸上画满了气球。

我躲在卫生间里一遍遍地用水洗脸，生怕别人看到我的泪水。

搭档做节目时，我还常常因为没话说而处于尴尬的境地。

在我眼中，其他主持人总有一些新的想法，可以让节目好听又有信息量。他们做的片花时尚又大气，很得听众的喜爱，而我，除了有一副自认为还不错的嗓子，一无是处。

我意识到，做主持人，光有一副嗓子，还远远不够。

于是，工作之余，我把全部的精力都投入到进修当中，起点低不怕，怕的是自我放弃。

幸而，我还没有放弃。

这些年，我在中央人民广播电台，先后主持过新闻资讯节目，音乐情感节目，生活服务节目。

2013年，领导安排我做读书节目《品味书香》的主持人。

这档节目曾经几易其主，大概是因为忍受不了做读书节目案头工作的繁重以及与做娱乐节目相比受众的稀少。于我，却是欣喜的，一直以来对于阅读的喜爱，和因为阅读对我人生的改变，让我下决心接下了这份工作。

一周六天的工作量，每天将近十个小时的工作强度，却让我觉得前所未有的充实。

从与出版社对接，到确定书目，联系作者或者编辑，制作片花，再到完成稿件，进入直播。过程繁多，却也乐趣多多。

节目，在每晚的9点播出，10点结束。

每次完成节目，走出电台大楼，一种踏实感就充盈在心间。我知道，因为我的付出，会让一些因为生活匆忙而没时间翻开书本的人获得精神食粮，白天，他们为生计奔波，但在夜里，他们可以给思想一次饕餮，虽然我的影响力有限，可是终究会有些帮助的。

这档节目，也越来越受大家的喜欢，并获得了多个奖项。这欣慰，是无法用言语来形容的。

常常有人问我，你最好的时光是什么时候？

我说，人生中没有哪一段时光会比另一段更好，走过的岁月，都是我最好的时光。我在其中挣扎过、努力过，哭过、笑过，无论哪种状态它们都是独属于我的记忆。

如今，我还是会常常想起十七年前，我刚来北京的那天，背着行囊走出北京站的那一刻，在我身边有很多年轻又热血的青年，和我一样踌躇满志地走出站台，他们大口呼吸，攥紧拳头，充满斗志……

十七年里，我见证过很多人离开这座城市，因为房子、生计、前途；也见证过很多人来到这座城市，因为理想、因为年轻、因为渴望改变的心。

这座城市，总有翻船触礁的故事在发生，也总有新的灯塔亮起……

Chapter 03

全力奔跑，

你才能和生命中最美的际遇相逢

时间流逝，
无论我们如何表现，
请别忘记，
正是过去的自己成就了
现在的你，
你若没有在感情中受过伤，
没有亲眼见到那个
不完美的自己，
又怎么会真正体会到
爱人与被爱的滋味？

I

还记得年少时的那些歌吗

那些老歌，每一个唱起的人，都会想起心中藏着的一段故事。
最初，我们唱给另一个人听；后来，我们和爱的人一起唱；
最后，我们把那些人，那些事，那些温柔的过往，
全部揉进那首歌里，然后唱给自己听。

“还记得年少时的梦吗？像朵永不凋零的花，陪我经过那风吹雨打，看世事无常，看沧桑变化……”

陪伴你走过最美好年岁时的那首歌，你还记得吗？

如果那么熟悉的旋律再次响起，你的脑海中会浮现出谁的脸庞？

总有那么一些歌，在经历时间的变迁和时代的洗礼后，会愈发迷人，吸引着一代又一代的歌迷们为之沉醉。

尤其是，在朱颜翠发的纯真时代。

敏感多情的男孩女孩们，在歌声里寻找共鸣，表达自己心中动人的情愫。

还记得，2010年“小虎队”出现在春晚舞台上时，我的一个朋友告诉我，当听到当年百听不厌的旋律重新响起，看到三个人一起跳起当年的舞蹈，他一个四十多岁的大男人，竟然情难自已，流下了激动的泪水。

我想，歌声响起的那一刻，他绝不是唯一一个对着电视屏幕泪流的中年人。

一次，结束了一天工作的我，坐在回家的出租车上。

午夜时分，开着窗让凉风轻拂我的脸，这时司机大哥打开音响，邓丽君的歌声响起，他就跟着哼唱起来。几首唱罢，他告诉我说，自己从小就特别喜欢邓丽君的歌，这些年这些歌不知听了多少遍，每次听每次的感觉还是一样新鲜，开车也感觉没那么疲劳了。

我闭上眼，让邓丽君甜美的歌声轻轻包围我，并牵引着我的思绪飘出窗外，飘回到了那个封存在记忆中，却永不会遗忘的美好年代。

那年我上初二，当时正是流行歌曲的黄金年代，特别是来自台湾的歌声，让我和我的同学们如痴如醉。

情窦初开的曼妙年华，这些吟咏爱和生活的歌，字字句句都唱出了少男少女们汩汩流淌的心事。含蓄羞涩的年轻人，不敢去大声表白，却无法压抑唇齿间溢出的心事，于是便用歌声表达出来。

新学期开始不久，我们班来了一名插班生。

他是从上一届到我们班的，比我们显得高大的同时，穿着也帅气，并且他还会唱很多令人迷醉的港台流行歌曲。

赵传的那首《我很丑，可是我很温柔》，我第一次听到的就是他唱的版本。

几乎每天课间休息，我们都会听到他唱起这首歌，有时是低声哼唱，有时是大声唱出，那句：“我很丑，可是我很温柔，外表冷漠，内心狂热……”

刚开始大家并没有觉得奇怪，只是以为他很喜欢这首歌，可日子久了，大家发现了一些端倪：有一次放学后，大家都三三两两结伴离开教室，最后走出门的几个女生看见他坐在自己的座位上，眼睛看着正前方，又唱起了这首歌，而少年如炬的目光尽头，是坐在前排的一个女孩的背影。

歌声里，女孩低着头，整理着书包，从耳根红到了脖子。

陪伴你走过最美好年岁时的那首歌，你还记得吗？

所以，那天之后，全班同学都知道了这首歌是唱给谁的。

在那样一个保守的年代，女生自然是没办法对男孩的传情表达任何回应的。她只是默默地听着，一如既往地做题，和其他女生说话做游戏，尽量不跟那个男生有太多的接触。

但男生依旧为她唱着歌，一首接着一首。

那时候年少的我，觉得世间最美好的感情不过如此。

在那样一个轻轻浅浅的年岁，少年将心事含在嘴里，借着他最爱的歌曲，吐露给心爱的女孩，无论她能否听懂，是否会接受他的心意，只要每天都能看到她，每天都能唱歌给她听，就是最大的满足。

美好的时光总是流逝得太快，岁月辗转，流年摇曳，很快大家都各奔东西，走上了新的人生征程。

离开新疆之后，我渐渐失去了同学的联系，偶尔想起这段往事，也只是喟叹时光飞逝，只愿有情人终成眷属。

去年，一个偶然的机会，我和那个男同学恢复了联系。

电话里，我邀请他来北京玩，他欣然答应。

没过多久，他就带着妻子和儿子从新疆来到北京。再见面，少年转眼添华发，而他身边站着的妻，也不是当年的那个女孩。不过，他们看起来是那么的快乐，那么的和谐，举手投足间可见几分夫妻相。

其实我并不惊讶，物是人非，人之常情罢了。

他们的故事说来也普通，年少时还有很多人就算爱得轰轰烈烈，最后也没能走进婚姻的殿堂，更何况是一段欲说还休的暗恋往事呢？

只是，我心中还存有疑问，仿佛是我心里的一个少年梦。

于是，在他妻子不在场的时候，我忍不住问他，是否还记得当年为前排的那个女孩唱过的歌，赵传的《我很丑，可是我很温柔》。

他笑了笑，认真地看着我说："是吗？我不记得了，你是不是记错人了？"

这个答案，出乎我的意料。

这样的感情没有结果，我可以理解；可完全忘却，不记得那个人的存在，这可能吗？

当时的我，觉得很是不可思议。

不过，之后细想，也许世事变化，岁月流逝，这些年他经历过太多事，琐碎的生活终将他年少时的丝丝情愫消磨殆尽。

在我内心深处，我是一直期待着另一个答案。或许，是对我年少时光记忆美好的一种追索，无关乎他或者她。

他说忘记了，或许也不一定是真的忘记了。

就算记得，或许也不愿对老同学提起，只是选择将那份美好深深地压在心底，封存起来。

前两年，赵传来上我的访谈节目，我就跟他说起了这件事，他听了之后唏嘘不已。

他说我很高兴，我的歌曾经伴随着你和你的同学们度过如此美好的少年时光，我也觉得歌声是最好的表达感情的方式，我唏嘘的是故事中的这个男孩爱而不得的心情，还有若干年之后，他选择了忘却这段记忆。

其实，记得又能怎么样呢？

在我们每个人心中都有一个无法忘记，却不得不忘记的人。

聚散苦匆匆，往事早已成空。

其实，在我们每个人心中都有一个无法忘记，却不得不忘记的人。

时光荏苒，我们不再回忆，不再提起，甚至不愿再见到那个人，是害怕时光无情的烙印改变了那份美好。

但是，只要一想起这个人曾在我们生命中留下的痕迹，那份最初的感觉，永远不会变。

为了用一生留着那一抹美好记忆，我们能做的，就是忘记，然后转身离开，走入人群。

而那些老歌，每一个唱起的人，都会想起心中藏着的一段故事。

我们把那些人，那些事，那些温柔的过往，
全部揉进那首歌里，然后唱给自己听。

最初，我们唱给另一个人听；后来，我们和爱的人一起唱；最后，我们把那些人，那些事，那些温柔的过往，全部揉进那首歌里，然后唱给自己听。

致敬那个
心中有梦，不甘平凡的你

你是爱看书的老章，你是心疼我被冷水刺痛手的老章，你是会说话的老章，你是心中有梦、不甘平凡的老章……

在一个人的生命中，必定会有那么一个人或者一些人，永远存活在记忆里，一辈子难以忘记。

他，或他们，潜藏在心海深处，从不会刻意想起，但也永不会忘记。

十六岁那年，身边很多同学响应号召加入了招工大军。

我知道，家里没有太多钱供我读书，为了减轻哥哥姐姐的负担，我决定早点开始工作。这样，每个月都能有固定收入，养活自己，也能贴补家里。

于是，我很快告别校园，进入了汽车修理厂，开始了我人生中第一份工作——修理工。

在这里，我遇到了老章。

其实老章不老，我刚认识他时，老章才二十八岁，只是站在我们这群十几岁的毛头小伙儿们旁边，老章就显得格外沉稳。

论资历，他也是我们的师傅。

第一次见到老章时，他正在班组休息间里读一本书，那专注的模样和我印象中满身油污的修理工大不一样。

那时的老章，是厂里人人羡慕的榜样，因为他一边修车，一边自学考取了大专学历。这在当时的厂里，算是很高的学历了。其实，修车哪里需要什么高学历，谁都知道，老章的目标很明确：他要早日摆脱这一身油污，走向管理岗位，实现自己的抱负。

修车的闲暇时光，我们总能看见老章手里捧着本书在看。有时是文学名著，有时是管理学知识。

工友们都佩服他，聚在一起聊天时，也都说老章以后肯定能当官。

这，也是他这个外来工唯一的机会。

刚进厂时，领导安排我跟老章做学徒。

那时，老章对我很是照顾。修车是个又脏又累的活儿，谁都不愿意多干，只要厂里来了新人，老员工总是想着法儿的“欺负”新员工，比如在骄阳似火的夏天，把脏活交给新员工，自己跑去一旁乘凉抽烟；而到了寒风刺骨的冬天，就会把自己干完活沾满机油和秽物的油手套、工作服交给新员工去洗。

老章就不这样，他干起活来劲头十足，毫无怨言，对我也关爱有加，说我年纪小，太累太苦的活儿他自己能干。

进厂的时间久了，我跟老章也慢慢熟络起来。

我们聊的话题，逐渐多起来。

一次，我看到老章在看一本《演讲的艺术》的，觉得挺有意思，就走过去问他：“书里讲的东西有用吗？”

老章笑了笑说：“会说话对一个人的帮助很大，很多人都是靠自己的一张嘴改变命运，光读书没用，还得说得出来。”

当时的我，还不知道自己以后真的会如老章说的那样，凭一副嗓子可以走出修理厂，只是觉得老章很有一番见识，心里又对他佩服了几分。

从那之后，老章又有了什么好书，总会来问问我要不要看。

荒凉的戈壁，朔北的烈风和布满油污的工作服，都没有磨灭老章对生活的热情和朴实的善良，他对自己的未来充满希冀，而年轻的我也在老章的影响下，慢慢地在心里播种着一颗梦的种子。

想要凭借一己之力，在规则遍布、人情复杂的国企内平步青云，谈何容易？

没有强大的背景支持，就算是子弟工也晋升无门，更何况是老章这样一个普普通通的外来打工者。

所以，和老章同一批拿到大专学历的人都陆续提干了，或者是厂里的技术员，或者是其他的行政岗位。然而，老章虽是他们中最有才，修车技术最好的一个，却还是原地不动。

厂里，上上下下都对老章的人品赞赏有加。

按理说，老章进入厂里的技术部门再合适不过了，前任厂长也曾许诺过，说一有位置空缺下来，就会考虑老章，但是这承诺随着他的调走，技术部门收归公司技术处所有，渐渐成了一句空话。

就这样，一年一年的蹉跎而过，晋升名单上始终没有出现老章的名字。

和他一起进厂的员工，那些某某领导的儿子，在基层“锻炼”了几年后，都很快坐进办公室。有人也曾提醒老章，要想升职，就得给某某领导送礼，可老章说，我行得端，坐得正，不走那歪门邪道，而且我边工作边读书的目的，就是为了凭自己的能力晋升，让大家看看，在咱们厂，不走后门也能有好的出路。

但现实一次次地打击着老章。

渐渐地，老章不再想晋升的事情，也不再跟我讨论书里的故事了，厂里的员工只要看见老章拿着本书，就会开玩笑地说：“老章，你看那么多书有什么用？能当饭吃？”老章听了也不说话，只是转身走开。

再后来，大家渐渐发觉老章手里的书不见了。

三十多岁的老章，慢慢驼了背，头发也有些白了。

后来，老章家遭遇了一些变故，父母长年生病，家境越发窘迫，妻子也跟他离了婚，带走了孩子。

终于，那个曾经意气风发，谈笑风生的老章不复存在。

庸碌琐碎的工作，吞噬了他的斗志。

而我的梦想之芽，却在这淤泥油污间悄然茁壮起来。

广播，为我慢慢开启了一扇通往外面世界的门，渐渐地我望到了一个无垠的世界。

那里绚烂明亮，充满勃勃生机。

一天，我们一起干完活之后，坐着休息时我对着默默无语发呆的老章，深吸一口气，说：“师傅，我想离开修理厂。”

老章头也没抬地说：“你能调去哪里？这破单位，你没有关系，在哪工作都一样。”

我摇摇头，努力压抑住声音里的兴奋说：“不是，我要离开单位，离开新疆，我想成为一名真正的职业播音员。”

老章看看我，苦笑一声：“你小子又做白日梦了，谁没有个梦想，可是又有几个人能轻易实现呢？别傻了，安于现状吧，别想那么多了。”

我还想继续说下去，可是老章却没有继续谈话的意思，起身离开了。

也是从那一刻开始，我知道我和老章注定要走上不同的人生道路。

那一年，二十六岁的我在家人的支持下，买断了工龄，拿到了一笔钱，整理行装，北上追梦。那一年，三十八岁的老章，却活得越发像个影子，临行前告别工友们时，我试着在人群中找寻老章的身影，却无处可寻。

十几年的寻梦途中，我时不时会想起老章。

想起他穿着工作服拿着书看着我微笑，想起他曾和我讨论十年后我们各自会成为怎样的人，想起他微微驼背的身影渐行渐远。

我很想，再见老章一面。想知道他现在过得怎么样？

在北京稳定下来之后，我曾试图托人找过老章。

曾经的朋友告诉我，我买断工龄那年，不久老章也买断工龄离开了修理厂，但他没有告诉大家自己会去哪里，也没有再联系过曾经的同事，大家也就慢慢地忘记了他这个人的存在。

只要有想要追寻的东西，就注定前程不会一帆风顺。

这么多年过去，我已步入了中年，老章也该变成名副其实的老章了吧。

虽然，我无从知道他的现状，但这些年在很多人的身上，我都看到了曾经的老章。他们，也曾有梦，有爱，有勇气，但迫于生活压力，选择了一条曾经看似轻松的生活道路，在朝九晚五间穿行于人海，每天上班、下班、回家、吃饭、睡觉，年轻时满身的棱角连同一腔激情，渐渐被日复一日的平淡生活消磨殆尽。

曾经的梦想，早已不见踪迹。

曾经激昂的少年，也早已不复再见。

曾有年轻的听众给我留言，说很羡慕我的幸运，能从事自己最初向往的职业，就算过程再艰辛，只要能在自己所热爱的工作领域奋斗，也甘之如饴，在所不辞。

每当看到这些话语，我都会沉默。

追梦的路途哪有什么幸运可言，只要不是含着金汤匙出生，每个人的成长之路都是无数的磕磕绊绊。

只要有想要追寻的东西，就注定前程不会一帆风顺。

黎明的寒星，似火的骄阳，湿透的衣襟，咬破的嘴唇，都在一一见证着每一颗追梦途中不愿妥协的心。

启程赴京前，曾有不少故乡亲友质问过我，有没有想过退路何在，梦破碎了怎么办。

说实在的，我没有想过，虽然心怀不安，但我知道，人生有舍才有得，不挥别往事，我就永远没有机会开启人生的新篇章。

很多人都挣扎在现实与梦境的边缘，心有迷茫却不甘心就此放弃。

“我想考取重点大学的研究生，可是父母觉得我不是那块儿料，肯定考不上，劝我早点工作。”

“我爱的人和我相隔千里，身边人都觉得我们最后肯定会分开。”

“现在从事的工作不是我想要的，可是我又不敢丢下一切重新开始，怕最后终是一场空。”

我想说，我见过一边工作一边复习，考了六次研，最终考取心仪学校的孩子妈；也知道一段坚持了七年的异国恋，最终携手步入婚姻殿堂的佳话；身边更不乏放弃了故乡安稳的生活，毅然奔赴远方寻求职业新方向的朋友。

所以说，所有的果实在成熟之前都是苦涩的。

人生不过几十年，只要心里还有一丝光亮，就循着它的方向去吧。

如果无论如何努力也到不了你最初向往的目的地，也没关系，那一路的收获也必定是盆满钵满。

而对于无迹可寻的师傅老章，我心里一直有一段话想对他说——

我宁可相信你与我同一年离开修理厂并不是巧合，虽然你带着失意离开，但离开那个靠规则运作的单位，对我们来说无疑是正确的选择，离别时你的人生还未过半，一定还有新的转机出现。你是爱看书的老章，你是心疼我被冷水刺痛手的老章，你是会说话的老章，你是心中有梦、不甘平凡的老章……

你，永远是我的师傅老章。

你是个好人，好人一定会一生平安。

I

在北京

一个人住的十一年

一个人住的十一年，不是一个生存状态，
而是，一个心理身份。

下班回家，屋里永远没有灯光，永远没有迎面而来的嘘寒问暖。

QQ长亮，望着一大堆陌生的名字，谁也不理。

经常的消遣是，喝着啤酒听着音乐。一动不动。

洗澡水突然变凉，冻成冰棍跑去调水温。

最怕上完厕所发现手边没纸。

快餐店里闷头大吃的自己。

想说话时就对着墙，或者跟自己说：SHUT UP!

身上最重要的东西是钥匙，家里最重要的东西是闹钟。

生病是重度魔障。是唯一想离开这个世界的时候。

跟同事喝酒，听同事大哭着说失恋，心里很乱，不知道该想起谁。

节日，永远像一场灾难。

住着别人的房子，总觉得这不是自己的家，偶尔过年回到新疆，在大姐、姐夫身边，心里像松了一口气，自在又踏实，但是没过几天，就开始怀念那个窝，变得心神不定。等再回去时，心里也貌似松了一口气，自在又踏实。这真是一种奇妙的感觉。

套用漫画里的语言："我在这小屋里或为了一些无谓的事情烦恼，或因为一件小事就觉得很幸福，或一个人喝得酩酊大醉，但同时也因此一点一点地成长了。一旦要离开时，我还是会很舍不得。"

一个人住的十一年，每天的生活都像是在重复：一个人走在喧闹的街上，一个人走在深夜的街上，一个人在出租车上困得靠在门边，一个人

只是月圆夜冷时，我仍是一个人。

在雪地里摔倒又爬起。花开了、花谢了，下雨了、雨停了，风起了、雪飘了，天好蓝，湖水好清凉，只是月圆夜冷时，我仍是一个人。

这个城市有2000多万人。

这个城市离婚率超过一半。

这个城市有几百万的男女独自回家。

而我，只是其中一个。

每天上午，我洗澡出门，直到凌晨时分回家。穿过长长的街道，坐公交、换地铁，带着一身的疲惫和陌生的自己回到蜗居的房子。从地下室，到老楼房，再到贷款买的房子，变的是蜗居的地方，不变的是永远的一个人。

一个人住的十一年，不是一个生存状态，而是，一个心理身份。

我和我的，十一年的孤独，是一点点消除隔膜，像找到了翻译一样，彼此对话，彼此契合。

有一次被人问到，你一个人在北京那么多年，是怎么度过的？

我想了想，其实也想不出具体的痕迹来，就是一步一步，没有犹豫也没有激进，就这么过来了。

当初凭着激情，凭着对远方的向往，后来是生存，如何生存，再后来就是……习惯了。

最初的自己，与任何人相处，都不会过分亲近，距离会让自己舒服。后来，也有因惺惺相惜相处融洽的同学，会一起憧憬未来，也会一起把酒言欢畅聊人生。只是，毕业后，我们渐渐失去了联络，曾经说好的要常聚，最终也不了了之。

之后，我的人生彻底走进一个人住的时光。

是2003年的6月，我们毕业，我们也各奔西东。我通过了央广的招聘考试，开始踌躇满志地在南礼士路附近找了一个一居室的房子。

房子，是老旧的，屋里也是极其简陋的，一床一桌，一把椅子，一个破旧的电视，再无他物。租金却不便宜，但因离电台近，却也是个不错的选择。就此，我一个人住的时光真正开始。

房子还没有收拾停当，工作就铺天盖地袭来。

那年，和我一起经过层层选拔进电台工作的，一共有八位，除了我之外，其他七位都曾在地方电台有过丰富主持经验，并且他们也比我年轻，很早就进入广播领域，无论是话筒前的状态还是节目的策划能力都比我更好。

那时，我常因为和他们在节目中对不上话而感到尴尬和自卑。

几个月后，领导找我谈话，告诉我，因为我能力有限，频道不能为我解决身份问题，领导委婉地说，现在我可以多去找找外面的机会，为自己的下一步做打算。

我还记得那天，是2003年8月13日。正值北京的盛夏，我从真武庙二条的电台大楼里出来，拖着沉重的脚步一点点地挪回到出租屋，汗水混着泪水模糊了我的双眼。

为了能保住电台的工作，我主动从之前的节目组退了下来，跟领导提出去做谁都不愿意接手的早间节目，主管领导提醒我说，上早班是一件苦差事，承担的责任重大，而且这是中央台，不能有一丝一毫的松懈，三秒的空播就算事故了，曾经有好几个早班主持人就是因为责任心不强，出了空播事故而被开除。但是，对于当时的我来说，没有选择，也没有退路。

早班节目，要从五点开始试线播出，所以四点不到我就要起床。为了不迟到，那时我的床头永远放着三个上好发条的闹钟，尽管如此，那时我还天天做梦，梦到自己迟到，梦到自己因为空播被开除了。

从小，我就不是一个聪明的孩子，大姐常常对我的鼓励就是“笨鸟先飞早入林”。所以，我知道只有加倍的努力，才能抵达自己要到的高度。

那时的我，会准时收听其他台的类似节目，别的主持人如何表达，片花如何做才能时尚大气，还有他们的经验和优点，我都一一记录下来。慢慢地，我的节目也受到了越来越多听众的喜爱。三个月后，在听众的满意度调查中，我的早间节目竟然比很多重点时段节目的评分还要高，连领导都觉得有些意外。

那天，我在小区附近的饭馆里大吃了一顿。

异乡岁月，也唯有美食能抚慰一颗孤独的心灵。

其实，后来回望下初来北京的那几年，我的确对自己太过苛刻。

记得，起初贫穷得捉襟见肘的时候，工资留出房租来，吃饭都要精打细算。也没什么娱乐，上班时候忙得不可开交，忙完就到了后半夜。也没有什么朋友，同事周末的聚餐也很少参加。偶尔犒赏自己吃顿大餐，也就是附近的一家火锅店了。

关于一个人的生活，好像总是和食物有关系。

大概在一个庞大又孤独的城市里，食物可能比人心更容易让人感觉温暖。在不开心的时候，就到饭馆里大吃一顿，仿佛吃完，那些烦恼就被暖融融的口感给冲淡了。

而家，只是一个睡觉的地方。

但尽管如此，它还是能给我一种安全感，让我安放疲惫的身体和心灵。

它见证过我的落寞和伤怀，见证过我在暗夜里的失落和挣扎，见证过我的爱恨纠缠。

沉浸在每一个与自己独处的时光里，
感受着最安宁的思索。

一个人住，有什么意义？

想来，就是你渐渐会忘了自己从哪里来，也不在乎要到哪里去。沉浸在每一个与自己独处的时光里，感受着最安宁的思索，会关心起很多生活的小细节：种的盆栽植物发了芽，窗外的阳光几点最是剧烈，在床上的哪一个位置睡得最舒服。还有，就是生物钟会变得越来越精准，不被任何人影响，按照自己的钟点睡去又醒来。

一个人住的午夜，会觉世间静好。

读书或看电影到夜深人静，拉开窗帘看月色照着沉沉黑影，发现千家万户的灯已经阑珊零落。穿鞋，下楼，去小区紧邻的一条小路散步。这条路原是条荒径，旁边有条小河湍湍而流。白天，因为有所大学在旁边，人和车川流不息，但一入夜便极静。我慢慢地走着，空气里有初秋的花香，稀落的虫鸣。岁月，原来也有如此静好的时刻。

我的单身时光，在北京独自生活的第十一年结束。

2014年，我和我的妻领证结婚。

从此，午夜下班后，我的内心不再空落。

我知道，在这城市的某一个角落，有一盏为我而亮起的灯，让我的内心不再孤独和迷惘。

I

我在凌晨两点的北京街头穿行

凌晨两点的北京，或光怪陆离，或温馨恬静。
在这里，有人享受生活，有人为生活奔波，
有人开心地呼喊生活万岁，也有人默默地隐忍着难言的苦楚。

这些年，很多人都是通过一档在午夜播出的节目结识了我的声音。

多少个夜晚，从零点到两点，身处城市各个角落的人们循着我的声音，通过电波或网络彼此陪伴。

或许是因为在夜色的掩映下，人们卸下一天的疲惫，心事也柔软了几分，所以那些低语倾诉才可以穿过城市的高楼大厦，越过奔流不息的街道，到达看不见的心灵深处。

电波中，我以我的真诚抚慰他们的心绪，他们也回馈我以温柔的信任，于是在喧嚣落定后的都市森林里，我听到有人寂寞地叹息，有人不解地追问，也收获了许多在暗夜中才会绽放的心事。

这是一种很奇妙的感受，我们从没有见过面，却默契地相约在这样一个特殊的时间里。

交付心情，相互取暖。

凌晨两点的钟声响起时，我摘下耳麦，关上话筒，走出直播室，走入到凌晨两点的北京街头。

此时，才真正拥有了我自己的时光。

夜晚的北京，仿佛是另一个平行世界，在街灯的点缀下，它仿佛在与我对话，将那些隐藏许久的故事娓娓道来。

凌晨两点，平日拥堵的街道此时变得畅通无阻，空荡荡的街道在夜幕的衬托下显得更加寂寥，此时大多数人都已陷入梦乡。

我一直觉得，当绛色夜幕覆盖了钢铁与水泥之后，一个城市才会展露出它最原始的特质。

两点零五分，召来出租车，开始载着我朝家的方向前行。

家，此时成为最好的归宿。

记得初到北京时，我对家的需求，就是一间能遮蔽风雨的棚宇，一张自在坐卧的床铺。后来，我的住处变换过很多地方，从最初的朝阳，到后来的东城，西城到海淀、丰台，几乎穿越了大半个北京城。

住处的变换间，深隐着的是些许无奈和几分期待。

印象最深的，是那次搬家过程中遭遇的不大不小的“事故”。

那时房东要涨价，不得已，我只能另觅住处。白天大家各有所忙，搬家只能放在夜晚，朋友帮我打包好后，我们俩就汗流浃背地把行李搬到一个三轮平板车上，然后骑着车往新的住处赶。

不料，路上竟然出了车祸。

晚上十点多的北京街道，依旧是人来人往，车水马龙。

朋友蹬着三轮车，我在后面扶着行李，经过一个路口时，一辆出租车突然右转，我们的三轮车一时来不及刹车，撞了上去。司机下车后，查看了车的受损情况，手一摊，告诉我们至少要赔300块，否则谁也甭想走。

那会儿，我们都还是穷学生，没有钱，也自知理亏，只好实情相告，苦苦哀求司机高抬贵手，他听完我们的话，沉默了一会儿说：“唉，看你们也不容易，那我自己想办法吧，你们走吧。我这一天算是交代了，刨去份子钱、油钱，这修车还得再花几百块钱，看来今天晚上，我得拉个通宵了。”

听罢，我和朋友再三谢过司机，怀着歉意推着车走了。

当我和朋友把东西拉到新的住处，才意识到忙活这么久，我俩还没吃上饭。

已经是夜里十一点多了，我们进到一家街边的小饭馆，点了两碗面。

吃面间隙，我们与小饭馆的夫妇聊起天来，老板夫妻俩都是安徽人，他们的饭馆还经营早餐，我问他们什么时候开始准备早餐，老板说：“你们吃完饭，我们睡个两三个小时就开始。”

我叹太早，他说：“是啊，早上五点左右，一切就都得收拾停当，基本上六点不到，吃早餐的人就该来了。”

老板说，“我们苦点没啥，都习惯了，我们忙点，挣点钱，让孩子们也像你们一样上个大学，找个好工作，以后再不用受我们这份苦，就值了。”

他朴实的脸上挂着笑容，那笑容让我想起了一句话：什么是幸福？

就是有事做，有人爱，有所期待。那天我们离开时，已近午夜，老板夫妇开始打扫卫生，为早餐做准备。

凌晨两点的北京，匆匆忙碌的还远不止出租车司机和小饭馆的老板夫妇。

对于那些拉货的司机来说，他们一天的工作才刚刚开始。凌晨时分开始，整装完毕后，他们一路跨桥越沟，从外环驶向北京西。

除了货车司机外，还有市区里，匆匆驶过的各类轿车、摩托车、三轮车，等等，无数承载着生活重担的人们，在用忙碌的身影支撑起整个城市的脉络。

在凌晨两点的街头，忙碌着的还有施工人员和环卫工人。

为了保证白天交通路线的顺畅，在北京，许多施工队只被允许在夜间施工。在人们陷入梦境的时候，他们不辞辛劳地填补着城市各个角落的漏洞。而那些穿着带有反光条橙色制服的环卫工人，我从不知道他们几时上、下班，只看见他们弯着腰一遍遍打扫着街道的背影。

当然，北京最不缺乏的就是生活方式大相迥异的人群。

凌晨两点，工体北和三里屯街头，又是另一番景象：在五彩缤纷的霓虹灯中，年轻高挑的女孩们身着华丽的服饰、戴着精致的妆容出入着各类夜店；身边呼啸而过的跑车，则让你宛若置身于国际车展的现场。身处这样的环境，会让你不由得感叹这世界的光怪陆离，也不禁想问自己，究竟哪种生活才是自己真正想要的？

凌晨两点的北京，或光怪陆离，或温馨恬静。

在这里，有人享受生活，有人为生活奔波，有人开心地呼喊生活万岁，也有人默默地隐忍着难言的苦楚。

这些人，是你，是他，也是我。

站在匆匆忙忙的人流里，我们自以为摸到这个城市的脉络；而后转过身，又匆匆加入到这轰轰烈烈的夜行大军。

然而，也正是在夜色中的北京街头走过，你才会发觉，原来这座城市也是属于你的，剥离掉白日的繁华喧杂，城市隐去了高大的身影，穿梭在城市间的人们就显得格外醒目。

你可以在这些凌晨的城市里，看见另一个自己，那些身影尽管渺小而薄弱，但没有人可以否定或者忽略他们的存在。

至少，你不可以。

因为无论经历了什么，或者正在经历什么，他们和你一样都不曾轻言放弃，为了家里一直亮着的那盏灯，为了身边并肩奋斗的战友与同事，为了孩子永不消逝的笑脸，为了勇敢地活着。

不管这座城市是虚幻还是真实，这些人都是真真切切地存在着的，他们在凌晨两点的城市里以各种各样的方式陪伴着你。

此外，我也在陪伴着你，在凌晨时分的北京，在漂亮的烟青色的天空下……

Ⅰ

没有早一刻，没有晚一刻

我遇到了最美的爱情

不要说真爱难求，不要说一再错过。

所有的错过，都是磨砺；所有的难求，都不再是真爱。

只要你内心有爱，真爱就不怕晚。

这些年，我在电波中听到了太多爱的故事和关于爱的感慨。

太多的人感叹真爱难寻，然而，到底什么是真爱，又有几人能说清楚？年轻的时候，我们爱得太执拗，心智成熟之后，才逐渐懂得爱的恬淡和平和。

二十多岁时，我们会遇到一些人，然而少不更事的我们总是横竖看不上。

十年后，回想起来，其实个个都挺好的。

那时，我们怀揣了太多的梦，太多的满腔热情，真遇到喜欢的人，也是疯狂至极的。恨不得倾尽所有，只为与之厮守一生。然而，刚极易折、情深不寿，太过轰轰烈烈的感情通常难以善始善终。

一次赌气的转身，往往就是一辈子的永不相见。

正是这曾经的“失去”，教我们学会了长大。

所以当青春只剩下尾巴，终于有一个恰好的人出现，我们终于学会珍惜，终于明白，陪伴才是最长情的告白。感叹——“幸亏没有太早遇到你”。

这一次，剧透我自己。

我和妻子相遇时，我39，她35。

说起自己十几年的北漂岁月，也不是默片电影，曾经有长达七年的时间，几乎都是我一个人在演独角戏，并且戏码强劲，冲劲十足。然而最终，我还是眼睁睁地看着那个女生，牵着别人的手，远走他乡。

我承认，这段始于大学的暗蓝色恋情，带给了我太多的失意。

以至于后来，在领导、同事和朋友的撮合下，我一次次相亲，一次次以失败告终。对于爱情，我早已意兴阑珊。

最后，我干脆婉言谢绝了所有人的好意，一猛子扎进了单身的生活。

然而人生，总在情理之中，意料之外。

2012年的一天，一位同事对我说，要介绍一个女生给我。说是女生，其实也年过35，早已是“剩斗士”了。如果放在平常，习惯了单身的我，必然婉拒，然而那天，同事的这一番话却使我答应相见一下：她是我同学，人很好，就是没遇到好男人。

人的心理就是那么奇怪，“好男人”三个字，就像是一把红缨枪，向我扎来，让我不得不接招。

我反戈一击：“那，在你眼中，我算是好男人吗？”

同事狡黠地摇头：“不好说，反正多认识一个朋友呗。”

拨通她的电话，倒不是为了多认识一个朋友，只是心中尚有不灭的不甘，不甘什么呢？

也许，只是不甘那句“没遇到好男人”吧。

我们俩之间，真的是好事多磨。

第一次见面，我就迟到了。

那天开完会，匆匆走出单位，到地铁口了发现钱包忘带了。这对于我来说，不是常有的事，我有点懊恼自己的马虎。折返，回去拿钱包。

一来一去，竟耽搁了约半个小时。

等我赶到餐厅门口时，她已经站在那里了。

身材苗条，衣着简洁大方的她，长发微卷，戴一副眼镜，面孔温柔，表情恬淡。这样的她，倒是符合我对于这个年纪的女生的想象，没有二十郎当岁女孩的高傲和锋芒，彰显着的是柔和的气息。

我急忙道歉，解释自己迟到的原因，她笑了笑，轻描淡写："没事"。

虽然并没有对此次相亲抱有太大期盼，但绅士风度，还是要有的。

我先她一步走进餐厅里，然后微微欠身，帮她扶着门，她笑了笑，走进去。

在临窗的桌边坐下，我把菜单递给她，说了一句："想吃什么就点什么。"这倒真不是客套话，之前相了好多次亲，颇知女孩子们的胃口并非我想象，她们有的特别挑剔，有的专拣稀罕的菜品，还有的专拣贵的点，貌似餐桌就是她们考验男人的战场，你是否出手阔绰，是否温柔体贴，是否斤斤计较，在这里她们就可以一一衡量到了。

她却并没有打开菜单，微笑着轻声说："我减肥呢。"

这话我也听过，女孩子们都爱减肥，也许这不过是她们考验男人的另一种说辞。

我笑了，说："多吃点啊，你已经很瘦了。"

刚极易折、情深不寿，
太过轰轰烈烈的感情通常难以善始善终。

见她迟迟不打开菜单，我索性拿过菜单来，也不看价格，招牌菜，一连点了好几个。

现在想起来，那顿饭，我吃的是那样不加拘束。

她人很安静，话不多，总是人未开口笑先到。即便开口，也是轻声细语，倒让我觉得很轻松。

那天因为没来得及吃早餐，肚子有些饿，于是菜上来后，我就甩开腮帮子，大快朵颐起来。所以，那顿饭我吃的格外愉快，也格外多，这在我曾经的相亲饭局中，前所未有。

直到填饱了肚子，我才想起此行的目的。

于是，开始竹筒倒豆子，一五一十地把自己的情况全都倒了出来。

她，真的是个非常好的倾听者，很少插话，只柔和地看着我。

某一个瞬间，我突然有了这样的错觉：我们像雨天里，正巧在同一个屋檐下避雨的陌生人，随意地谈着天气、生活、工作……

最后，我们聊到了一家人气餐厅。

她说，曾跟与友人去过一次，感觉不错。

我赶紧说，那下次我们也去，她微微地点头。

这样，二人也就算确定了下次约会的地点。

诚实地说，第一次见面，我对她并没什么有大多的感觉，在我的认为里，自己已经失去了爱与被爱的能力，但她给我的印象还不错，至少让我觉得很自然、很轻松。

因此，对于下次见面，我一点排斥都没有，甚至还有些许小期盼。

几天后，我主动发出了邀请。

我发短信约她去上次说的那家餐厅，十分钟后，收到了她的回复说：“可以啊，就是得等到周末，这几天单位太忙了。”

那一刻，看着她的回复，我的内心竟然泛起了一丝涟漪。

开始暗自庆幸：她对自己应该也有几分好感，否则，不会如此痛快地答应周末见面。

后来，我渐渐发现，她也有自己的喜好，也有自己喜欢吃的饭菜。

她不能喝茶，不能喝咖啡，然而，她从来不会因为自己的喜好，而打扰我的兴致，也从来不会任性主宰我们两个人的饭局。她也从来不会因为自己的需求，而让我感到不适。

我，开始欣喜遇到了她，并开始照顾她，欣欣然和她自然和谐地默契相处起来。

她是这样的一个女子。

第一次见面，觉得她并不怎么起眼。

第二次见面，约略觉得她有些引人注意。

第三次见面，竟然觉得她真的还是不错的一个女生。

第四次见面，会觉得分别的时候，意犹未尽。

至今，我还记得我们第一次去看电影时的情景。

那天，在电影院里，我买了水，递给她。轻声对她说："慢点喝，凉。"

那天，在电影院里，我看得泪流满面，她递过来纸巾，轻轻地拍了拍我的手背。

……

很快，到了新年。

跨年那天，她们几个好朋友都要带自己的老公和父母一起聚会，她想邀请我一起参加。

这个邀约，让我难免有些犹豫。

平心而论，我真想见见她的家人。不是有人说，要了解一个女人，先看她的母亲吗？而她和我有着近似的经历，她的父亲早亡，多年来，她一直和母亲、弟弟相依为命，所以我其实很期盼见到她的家人。

然而，我不能赴约。

正因为父母早亡，我才更珍视家庭，也才更深刻地体会家人对于一个人的重要性。

我这人家庭观念比较重，一旦我决定要跟和她结婚，肯定会专门去见拜见她的家人，然而现在，我们才刚开始接触，如果冒然前往，之后，又没有在一起，岂不是伤害了她的家人的情感？

犹豫再三，最终，我推说自己那天有事，拒绝了这个邀约。

我当然知道，她的邀约蕴含了太多的暗示，然而，在自己未做好抉择之时，我真的什么都不能做。

现在想来，她的确是个宽容的人，不愠不火，对于我的拒绝，坦然接受。这让我愈发觉得轻松起来，没有了和她交往的心理负担。

其实，在感情中男人有太多的怕，怕女人多心，怕女人怪罪，怕女人唠叨，怕女人抱怨，怕女人动辄就大发雷霆……

然而，她没有，她从没有，和她在一起，不用担心没话说，不用担心说错话，也不用担心她会不满，感觉总是很从容，安静不紧迫，放松而愉快。

她的父亲早亡，从花样年华开始，她就算得上家里的顶梁柱了。

所以，她的骨子里，没有小女生的娇嗔，没有独生女的公主病，也不会有太多的白日梦，对于他人和这个世界，更没有太多的依赖和不满。在独自面对这个世界的日子里，她把自己变成了那个务实、独立、宽容、柔和、安静的人。

如果放在十年前，我必然会被那些打扮得花枝招展的女生吸引住目光，如今，在经历了岁月的磨砺之后，我只贪恋她所带来的安宁和如水的从容。

好吧，我承认，我被她吸引了，不愿离去。

转年，莺飞草长，人间四月天，正是出游好时节。

约会、吃饭、看电影，恋爱中应有的，我们都有了，就差一个合适的机会，将这场爱意升华。

当然，在旁人眼里，她是个非常普通的女性，按部就班地升学、毕业、求职、上班。她没有撩人的身段，没有美艳的容颜，也没有优厚的家境，然而，在我眼里，她就是我的归宿。

我越来越喜欢待在她的身边。

在经历了岁月的磨砺之后，
我只贪恋她所带来的安宁和如水的从容。

在她身边，就像闻到了冬日里，刚刚晾晒过的被子，温暖而舒适。

于是我们决定去四川旅行，对于恋爱中的人来说，最终是要有一个契机，去将这份爱，昭示天下的。

锦官城春风和煦，好山好水好风光，她满眼温柔，而我的世界因她而美好。

去九寨沟游览的那天，由于水土不服，加上身体有些虚弱，她病倒了。

本来，我们计划当天晚上乘坐旅行社的车返回成都，看她实在难受，我干脆安排旅馆让她住下，接下来，买药、喂饭、端水，一夜悉心照顾，自此，她看我的眼神，更添了几分温情。

直到彼时，我才敢在心里对自己说：我，遇到了好女人；她，遇到了好男人。

钱钟书在《围城》中里说："恋爱中的人，应该先旅行一个月，一个月舟车仆仆以后，双方还没有彼此看破，彼此厌恶，还没有吵嘴翻脸，还要维持原来的婚约，这种爱情才会长久。"

旅行，的确是对彼此生活习惯，以及三观是否相合的大考验，在旅行中，我看到了她柔弱的一面，从而更加怜惜她；她也看到了我的体贴和踏实，从而更加依赖我。

人近40，对方的容貌和身材，已经不是吸引我的主要原因，对方的心灵和性格，才是让我不愿离开的根本。

什么是真爱？

真爱就是舒适、和谐、轻松和愉悦地相处，就是相互依赖，相互照顾，相互温暖。

我要娶她为妻，并不是因为她年轻貌美，而是因为她温柔体贴；她要嫁给我，也并不是因为我家有万贯，而是因为我善良细腻。

亲爱的你们，请允许我用这样缓缓的语言，去表达我的爱情。

当岁月穿过人生的斑马线，当我们走过一个又一个命运的十字路口，当凛冽的风吹过我们的生命，真正的爱情，不是轰轰烈烈、生生死死，也不是非你不娶、非我不嫁，而是十指相扣，相携走过那些平淡、安宁，甚至乏味的日常，相携走过那些莫测、意外和糟糕的岁月，直到有一天，我们都老了，头发都白了……

后来，她成了我的妻，我们终于在一起。

不要说真爱难求，不要说一再错过。所有的错过，都是磨砺；所有的难求，都是考验。只要你内心有爱，真爱就不怕晚。

没有早一刻，没有晚一刻，遇到那个让你心动、温暖、安宁的那个人，才是最好的爱情。

I

和过去的自己和解
好好爱当下的自己

每一个温暖而淡然的当下，都有一个悲伤和不安的曾经。
和过去的自己和解，然后好好爱现在的自己。

我曾经做过一期节目，主题是“你会感谢那个伤害过你的人么？”

有一个女孩的故事让我印象深刻，她通过微博私信分享了她的故事。

一条接着一条，串联起一个女孩这几年间对爱情的领悟，对生活的思考。她告诉我，大学时，她曾全心全意地爱过一个男生，为他痴迷，为他担心，为他不分白天黑夜地等待。

有好吃的，先想着男孩还没吃，小心翼翼地打包好，要先带给他尝一尝，哪怕自己还饿着肚子。男孩的衬衫脏了，她肯定第一时间帮他清洗。那时大学宿舍里没有洗衣机，炎炎夏日，女孩纤细的手指泡在肥皂水里，想象着男孩穿着自己洗干净的衬衫，汗水也是甜的。

其实上大学之前，她也是家里的娇娇女，连自己的袜子都是妈妈洗的。

寒冬腊月，得知男朋友发烧了，她不顾自己也在生病的虚弱身体，冒着寒风去给强壮的男生买药。

毕业后，随着两个人工作日渐忙碌，见面的时间显得尤其奢侈，有时甚至几天都见不了一面。

只是距离没有产生美，反而产生了隔阂。

开始女孩给男生发短信，他不回复，打电话过去，语气很冷淡，仿佛自己成了一个跟他不相干的人。

她说，那段时间，她每隔五分钟就要看一眼手机，看有没有一点来自于他的信息。

但是低到尘埃里的爱，是开不出最美的花的。

但大多数时候，等待她的只有失望。

偶尔有那么一两次，男生回复了她，也不过寥寥几个字。但是，就是这寥寥数字却足够支撑她一整天欣喜若狂。一切胡思乱想，都被抛到九霄云外了，脑海中，全是些美好的白日梦肆意蔓延。

女孩说，那时她为那个人付出了自己的全部。

为他时而哭时而笑，完全变成了一个患得患失的疯子。他笑，她的心中就好像有清泉涌溢，鲜花盛开；他摔门离去，她什么也做不了，只是不停地哭泣，哭到昏天暗地，星辰吞没。

然而，面对他时她始终控制着自己一切的情绪，没有理智，没有尊严，卑微得像个乞讨者。但是低到尘埃里的爱，是开不出最美的花的。

大多时候，你在尘埃里，他就真的当你是一粒尘土罢了。

女孩，意识到男生对自己的感情发生变化了。

但她太爱那男生了，她甚至打算停止服用避孕药，幻想也许自己怀了他的孩子，就能把他永远地留在自己身边。所幸这个想法在一次她出差回来，发现了床边的几根长发以及衣橱里的女性内衣后，便放弃了。

那一刻，女孩没有流下一滴眼泪。

泪，已经在之前很多个失眠的夜里流尽了。

她甚至有几分欣慰，自己终于还是等来了这一天，走了也好，至少终于不用再担心他会走了。

她说，那些时光，让她渐渐明白，其实感情中真正让人痛彻心扉的不是愤怒时的争吵，也不是冷战时的沉默，而是积累了太久，水滴石穿般的失望透顶。

也是。如果一场感情注定没有结果，希望你趁伤口还不太深的时候，学会笑着转身，别等到眼泪流尽，整颗心都枯萎时，才大彻大悟，悔不当初。

当你已经爱一个人爱到尊严尽失，还得不到回应时，也要学会适可而止才是。

最终，她决定不再委屈自己，毅然离去。

感情失意的她想寻求一个重新开始的机会，于是回到故乡，回到了母亲身边。年少时，她就生活在单亲家庭里，父亲早亡，母亲独自拉扯她长大，供她读书，竭尽全力地为她创造良好的生活环境。

女孩读大学时，一年的生活费都比别的同学高出几千元。

然而母亲并不知道，她没有用那些钱给自己买好看的衣服，吃想吃的美食，而是一直省吃俭用，接济男孩，为他买体面的西服，买最好的篮球鞋，只为博取他一个惊喜。

大学毕业那年母亲曾苦苦哀求女孩，希望她回到自己身边，可女孩为了能跟心爱的人在一起，狠心拒绝了母亲。

如今，她要回到母亲身边去，不仅是因为自己受了伤，也是因为长久以来，她觉得自己对母亲亏欠了太多。

女孩说，这段伤痛的记忆，让她好几年都没办法再开始新的爱情，她一度以为自己失去了爱人的能力，因为在上一段情感里，她倾注了太多，几乎耗尽心力。

直到几年之后，母亲的同事给她介绍了一个男生，他们在相处了一段时间后，她尘封的心门才慢慢打开，也收获了爱情里应有的甜蜜与体贴。

读完她的故事，我回复她："现在不是挺好么，你经历了那些伤痛，如今能淡定从容地将往事娓娓道出。"

她说："可你并不知道我经历了什么，那一个个失眠的夜晚，那些眼泪，那些悲伤包裹着我，我再也不愿意回忆起它们了。那段日子我是挺过来了，但我要感激的不是那个伤害我的人，而是在那样绝望的时刻，依然活下来的那个自己。"

这个女孩尽管经历了不堪回首的过去，但她还是选择说出自己的故事，试着去释怀，去原谅。

而生活中，还有很多难以释怀的的人，他们选择“忘记”自己的过去，选择性遗忘曾经失败的感情经历，绝口不提年轻时犯下的错误，甚至想方设法抹去那个曾经“很傻很天真”的自己，甚至当有故友提起往事时，他们会努力搪塞，很怕现在的社交圈知道自己过去的“糗事”。

时间流逝，无论我们如何表现，请别忘记，正是过去的自己成就了现在的你，你若没有在感情中受过伤，没有亲眼见到那个不完美的自己，又怎么会真正体会到爱人与被爱的滋味？

你若没有犯过错，没有做过傻事，这样的人生又有什么值得去回忆呢？

每一个懂事淡定的现在，都有一个很傻很天真的过去；每一个温暖而淡然的当下，都有一个悲伤和不安的曾经。

和过去的自己和解，然后好好爱现在的自己，也许是我们每个人值得用一生去领悟的事。

真正的恩慈

是温暖而不是施舍

不懂得拒绝，是一种没有原则的态度。

我和妻子去日本旅行。

启程之前，妻子拿出一张长长的名目清单细细查看。那是她的同事们得知她要出国游玩，请她帮忙带的各种护肤品、食品和药品等。

于是，在日本游玩的近一半时间里，我们都是在走街串巷地购物，大包小包地拎着一大堆东西，最后旅行箱都塞不下了。

我实在看不下去，对她说："其实你可以拒绝她们啊。"

她摇摇头，说："那我心里过意不去。"

在她的字典里，只有"尽力"，没有"拒绝"。

其实，我也曾是那种不懂得拒绝别人的人。

二十几年前，我还在修车。

一起工作的工友中，有一个吊儿郎当的青年，我们叫他歪子。

人如其名，歪子这人说话没谱儿，嘴里常常跑火车，干活也喜欢偷奸耍滑。我和歪子是初中同学，因为班组里就属我俩年纪小、工龄短，所以常常被分到一组干活。

通常分配给我俩的活儿，都是些揭油底，扒缸盖，换轮胎的力气活，虽然没什么技术含量，但跟歪子搭档干活，真是让人有苦说不出。

每次班长给我俩布置完任务后，他都是最先换上工作服，在班长等人的注视下，指挥我拿上工具，直奔工作区。可是，到了工作区之后，他就没影儿了，要么去抽烟，要么就四处找人聊天儿去了。

等我把活干的差不多了，他才晃晃悠悠地回来，磨蹭着做点收尾的工作。

其实论资历，我比他上班还早几个月。

但大家同学一场，我真的是不好意思说什么，任由他把脏活儿累活儿都推给我干。每当班长问起活是谁干的，他都说自己干得有多辛苦，我就站在他身边，一句话也不说，听着他表功。

有一次，我俩负责维修的那辆车在半路上抛锚了。原因是缸盖漏水，导致油箱进水，发生爆缸事故。

那段时间，运输任务很重，停一辆车，就意味着不能按时完成拉运任务，从而影响进度。事关企业效益，车队和我们厂为此争执起来，厂里派人追查下来，调查负责事故车辆维修的是哪个班组，哪个人。

最后，班长找到了我和歪子，一听班长表明来意，歪子第一个站出来指责说，那天是小马扒的缸盖。

我一想，的确是，因为那天他压根儿就不在，于是我主动向领导承认了错误，那个月，我被罚了200元钱。

对于当时月薪只有600块我来说，损失很大。

那天下班后，班长狠狠地批评了我，问我是怎么回事，他说你们两个人扒个缸盖还出现这么大的问题。

我哑口无言，问题确实是我出的，我没什么好辩解的。

歪子还有个毛病，爱借钱，借了还不还。

那时我们的收入都不高，每个月600元的工资，光吃饭就已经花得差不多了。有几次歪子向我借钱，我想拒绝他，但又怕为了钱伤了彼此的感情，就只好从不多的工资里，借了一部分给他。

借钱时，他总说发了工资就还，可是发了工资之后，他却像没事人一样，再也不提还钱的事儿了。

我曾把这些事情说给一个师傅听，他问我为什么不直接拒绝他呢，我说我不好意思，师傅叹了口气，说：“那你就跟他翻脸，从此不相往来。”

我心里叫苦不迭，可是下一次他再开口借钱，我依然会抹不开面子还借给他。

这种烂好人心态，一直困扰了我很多年。

后来，我在电台主持一档早间节目。

每天半夜就得到电台，开机，试线，然后上直播，一直得忙到中午才能下班。有一次，有个同事问我能不能帮她替班，她当时做一档深夜节目，播出时间是晚上11点到凌晨1点。她说：“小马，你做完这档节目后，再挨上几个小时，就直接上早班了，多方便啊。”

我知道她没有跟领导申请调班，是不想在领导心里产生负面印象，于如果你不懂拒绝，就必须承担被误解，被利用，被轻视，被伤害的代价。

是就答应下来。

可，没想到那天深夜做完她的节目后，回到办公室，实在太困了就在办公室里睡着了，结果耽误了第二天早班的试线工作。虽然没有造成人事故，但也算出差错。

那天，我被领导猛批了一顿，那时的我还正处在转正阶段，这件事情，直接影响了我的评分，导致我没能被正式聘用。而那个请求我帮忙的同事，非但没替我说一句好话，就连一句安慰也没有。

这些生活中真实发生的故事告诉我，想做老好人？

可以，只要你能承担得了随之而来的代价，无论是在职场还是在生活中；如果你不懂拒绝，就必须承担被误解，被利用，被轻视，被伤害的代价。

善良，是人类最美好的情感之一，是根植于人内心的温良仁德。

为了对得起自己的良心，为了让别人更开心，你选择做一个有求必应的好人，哪怕自己受委屈，这是善良吗？这是怯懦，你不拒绝一切请求，是因为你不敢拒绝，你害怕一切人际交往过程中的冲突。

其实，直面拒绝所造成的冲突给你带来的痛苦，远远超过了你鞍前马后成全别人的烦劳。

外甥女，曾跟我说过这样一件事。

她是外语专业毕业，并且在翻译机构工作过一段时间。

有一次，一个毕业后很久没联系过的高中同学，请她帮忙翻译一篇关于古罗马历史的文章。碍于面子，她答应了，文章虽然不长，但专业性很强，她利用下班时间查找资料，请教同行，最终认认真真地翻译完，发给了同学。

同学，对她当时甚是感激。然而，之后很长一段时间却没再和她联系。

一年后的某一天，这位同学又给她发信息，说她有一个朋友需要翻译一篇生物科技方面的文章，希望她尽快翻完发给她。

因为外甥女当时确实挺忙，也对相关方面的文章翻译没有深入研究，翻译起来不仅费时间，还有可能出错，所以就直说了自己的情况，并委婉地拒绝了。

结果那个同学很不高兴，说：“这么点儿小事，你不愿意就直说，找那么多借口干嘛？”

外甥女告诉我，她一度为此很苦恼，觉得自己不帮这个忙，是不是辜负了同学的信任？

但当这样的事发生了很多次后，她渐渐停止了对自己的道德谴责。

其实，很多技能从业者都会遇到这种困扰。

在一些人眼里，他们经过多年的专业训练，帮这点小忙，不就是举手之劳？而正是因为他们靠自己的技能吃饭，才会格外注重自己完成的每一个作品，几天的翻译过程背后，是上万个小时的积累，而这些付出，都不应该是一句简单的“谢谢”能够偿还的。

金钱，虽说不能代表什么，但至少会让他们的付出得到尊重。

好人缘，绝不是建立在无原则的给予上。

我们，也大可不必为了塑造自己的良好形象而取悦所有人，用无尽的委屈强撑，这一点儿也不伟大。

不懂得拒绝，是一种没有原则的态度。

这些年，你记得成人之美，体谅别人的苦痛，
也千万别忘了心疼自己，世界虽大，你也很重要。

这种态度，也决定了别人对你的态度，你不予反抗，别人就会得寸进尺。逆来顺受，从来不会让事情变好，只会让自己变得更糟。一开始就亮出自己的原则和态度，反而更能得到别人的尊重和谅解。

想要活得自在，第一步就是正视自己。

衡量自己的能力，尊重自己的需求，与其自寻烦恼，不如听听内心的声音，勇敢说不。

学会“说不”之后，你会发现，很多事情都变得简单了，很多朋友，也随之而来了。

真正的善良，是温暖别人，也成就自己。

这些年，你记得成人之美，体谅别人的苦痛，也千万别忘了心疼自己，世界虽大，你也很重要。

Chapter 04

如果，

你生来没有羽翼

兄弟姐妹，
原本是天上飘下的雪花，
落到地上，
结成了冰，
化成了水，
就再也分不开了！

I

在追梦的路上

我们都一样

我们都曾有过梦想，在追梦的路上，有人一直坚守，
有人半途放弃，有人误入迷途，有人跌倒后站起来，
重新选择方向，继续前行。

最近，脑海中常常会浮现出我二十岁出头时的生活片段。

忆起最多的是小方、陈凡、含江和我，我们骑着自行车在故乡空旷的柏油马路上飞驰而过。

那是20世纪90年代初的安静岁月，清风拂面，阳光正好。

那时我们，都还是快意潇洒的少年，最爱身着白衣，穿一条洗了又洗的牛仔裤，也总不肯好好骑车，几辆破老二八车能上演一出街头飙车大戏。

小方好胜心最强，总要争个第一；陈凡体力稍差，每次落后了都在十几米开外气喘吁吁地喊我们等等他。

骑累了，我们就慢悠悠地蹬着车子，享受着凉风吹拂在脸上的闲适感，谈天说地，无话不谈，风卷起我们的笑声，吹得好远好远。

聊天的话题，最后都会归为一个词：理想。

理想对那时的我们而言，如天边星子，看似伸手可得，实则遥不可及。

那时的我，正在故乡县城的小电台里作兼职业余主持人。每晚下班后，我都要在路灯的陪伴下赶往电台准备节目，白日的劳累丝毫没有消减我的热情和精力，两只脚蹬得飞快，生怕迟到。

小方怕我走夜路不安全，就和陈凡、含江商量好，每天晚上，他们中的一个人骑车陪我去电台，我也没推辞，乐得有个伴儿，从此月光也更显得清朗了几分。

一路相伴，挚友两心相照，谈天的话题自然更丰富。

理想对那时的我们而言，如天边星子，看似伸手可得，实则遥不可及。

小方最爱聊他的发财梦，普通工人家庭出身的他，对另一个阶层的世界充满了幻想。他跟我说，自己工作这几年赚的钱都没怎么花，打算找个机会投资一笔，或者跟人合伙做生意。

到现在我还记得他映着夜色的双眸：“小马，我总觉得咱还这么年轻，浑身都是使不完的力气，世界这么大，到处都是机会，就看咱能不能把握住了，我可不想一辈子就一直当个工人。”

几个朋友里，就属小方最机灵，体制内的孩子多半没什么生意头脑，但小方似乎总是能嗅到身边的商机，从前在寄宿学校上学时，他就趁着开学那几天，靠着给外地学生卖被褥大赚了一笔，我们问他从哪儿进来的货，他总是神秘地笑笑，说这是商人的秘密。

发财梦谁都有，我也有，只是生活没有给我留下太多选择，我只能抓住我能够得到的机会，拼命朝着有光的方向努力，从不敢停止前进的脚步，也不敢调头重来。

陈凡对未来的憧憬与我相似，都关乎对职业的向往。

他想成为一名作家，这在我们当时生活的那座小城里，无异于天方夜谭。在很多人的认知里，写作只能是一种爱好，是茶余饭后，闲来无事的消遣，怎么可能被称为“正经工作”呢？

陈凡打小就是我们几个伙伴里最爱看书的，他写的作文总被语文老师当作范文念给全班同学听。那个将《诗经》中的美善故事讲述给我们听的中年男人，比起中学老师，更像个江南才子，他说陈凡的文笔有一种超脱年龄的淡然洒脱，行文中带着几分黑色幽默。

当时的我们都不懂什么是黑色幽默，只羡慕陈凡的作文分数总是那么高，恨自己只写得出“夏天来了，知了在树上叫”。

语文老师还鼓励陈凡积极向一些中学生作文刊物投稿，有两篇文章还真被选中了，一时之间，陈凡在学校里成了小红人，我们都唤他作“陈作家”，这些都在陈凡心里播种下作家梦的种子。

含江，是我们几个人中性格最腼腆的。

每当我们三个人聚在一起热烈地谈论关于梦想的话题事，含江总自己一个人在一旁微笑着看着我们。我们追问他对未来有什么憧憬，他总是摇摇头说：“我挺羡慕你们的，我没有什么赚大钱的欲望，也没有小马的嗓子，小凡的文笔，我就希望我爸妈身体健康，我自己能娶个好姑娘，生个大胖小子，以后我们一家去法国的普罗旺斯玩儿。”

我们听了都笑他，一个大小伙子的愿望跟个小姑娘似的。

他自己，也跟着笑。

那时正值寒冬，新疆的冬天零下二十几度。

我们冻得手脚冰凉，口中呼出的白气都能捏出形状，但对未来生活的向往竟让我们感觉不到冬日的寒冷。

内心似火的几个年轻人，并排骑着车，听着车轮碾压在雪地上“咯吱咯吱”的声音，看着天边的月亮，仿佛看见期许的明天就在眼前。

没过多久，我在家人的支持下离开故乡，去北京求学。

告别了家人、朋友和曾经的同事，开始了在异乡打拼的日子。

终日奔波，身心疲惫，很快，我失去了故乡亲友的联系方式，路途遥远，十几年间我几乎没有再回到曾经生活的小城。

随着曾经工作的单位改制，有些人调离了原职，有的人与我一样，拿了遣散费离开，还有的人早已不知去向。

我时常想念小方、陈凡和含江。

不知道他们三个人现在身在何处，是否还记得我们曾一起骑车，一起聊天的日子。

几年前，我托人联系到了陈凡。

通了电话，还没等我开口，陈凡的声音带着几分颤抖响起：“小马，人家跟我说你成了中央台的播音员，我都不敢相信，是真的吗？”

在听到我的肯定回答后，陈凡在那头惊呼起来。

一番寒暄过后，我终于还是问起了他曾经的梦，沉默了一会儿，陈凡苦笑了几声：“那时候是真年轻，年少轻狂，谁没有做过梦呢？”

我心里沉了一下，不知如何应答。

陈凡告诉我公司改制之后，他被调去最偏远的戈壁滩工作。

之后，托关系才调到效益好一些的车队。在那里认识了现在的妻子，他们组建了家庭。妻子家，根本不稀罕他的作家梦，只千叮咛万嘱咐他干好现在的工作，争取早点晋升。

就这样，年复一年，日复一日，陈凡一步步走上了管理岗位，也一步步远离了他曾经的梦。

我问他："现在还写吗？"

陈凡笑了："早都不写了，工作太忙，书看得越来越少，手都生了，写出来的东西连我儿子都不爱看……"

我顿了顿，还是鼓起勇气问起了小方。

陈凡告诉我说，我离开没多久，小方也离开了单位，先是跟人合伙儿开餐馆，结果赔了，合伙人也跑了，小方又去打工，攒钱炒股，股市动荡，赚赚赔赔，总没有太大起色，前几年他听人说，小方被人骗进了传销组织，呆了三个月，最后逃出来，衣衫褴褛，光着脚在路上走了一天一夜，才让巡逻的警察发现，带他回了家。

这些年他没有成家，家里只有一个老妈妈。

我不敢问了，说什么也不问了。

电话的最后，陈凡把含江的微信号给了我。挂了电话，我加了含江的微信。很快，好友请求被接受了。我随意翻看着含江的朋友圈，一组照片吸引了我的目光，点开后，是中年略微发福的含江，他的嘴角还挂着年少时的笑容，身旁依偎着一位眯眼笑的女人，怀里抱着一个胖乎乎的小男

曾经和你一起无忧无虑谈论理想的少年们，
现在都在哪里呢？

孩，而他们的身后，是一片一望无际的紫色花海。

曾经和你一起无忧无虑谈论理想的少年们，现在都在哪里呢？

我们都曾有过梦想，在追梦的路上，有人一直坚守，有人半途放弃，有人误入迷途，有人跌倒后站起来，重新选择方向，继续前行。

这些年，我从没有停止过追求梦想的脚步。

我倾听人们的梦想，向人们分享我寻梦的故事，也渐渐发现，有太多曾经怀梦高歌的人，渐渐地选择和生活讲和。或许人生就是这般，你若被臣服，你就被生活同化；你若执著前行，那么你就有可能抵达梦想。

可是，我们告别了故乡亲友，义无反顾地独自前行，不就是为了抵达梦想吗！

在这条路上，我们或经历挫败、失落、彷徨和挣扎，但是不言放弃才对得起曾经的选择，以及一直的付出。

说实在的，谁的人生不是在一边行走、一边怀疑、一边憧憬的过程中度过？我们怀揣着无从安放的追梦之心，但又时常怀疑自己的能力是否配得上自己的梦，但只要活着，就要永不停止对未来的憧憬。

梦想，从来没有大小之分。

有人志在高山，有人志在齐家，在追梦途中没有坚持到最后的人，也并没有什么错，成功登上顶峰的喜悦与悠然欣赏沿途风景的快乐，哪一种更好？没有人能回答这个问题。

初心纵使在，也抵不过岁月尘嚣的侵蚀，最终被慢慢隐藏起来，各种冷暖滋味，自己体会，又何须旁人说？

北岛有诗言：

那时我们有梦，

关于文学，

关于爱情，

关于穿越世界的旅行。

如今我们深夜饮酒，

杯子碰到一起，

都是梦破碎的声音。

要我说，梦碎不碎，至少深夜还有老友一起饮酒，这样的生活，总不会太糟吧。

故乡

永远是我前行的力量源泉

故乡，是家，亦是我的根。

故乡的人，是亲人，亦是我前行的力量源泉。

故乡的日子，是深情，亦是终生难以忘怀的静好岁月。

独在异乡漂泊对一个游子来说意味着什么？

意味着对家乡美食心心念念地回味，意味着阔别无数次流连过的一草一木，意味着对远方家人和朋友遥遥无期的思念。那故乡的小路，故乡亲友的笑颜，都是我们舍不得又带不走的深情岁月。

有一次，在微信公号后台系统中，不经意看到一条这样的留言："小马叔，我是你在新疆的邻居，隔壁胡奶奶家的孙女，每天都看你微信中推送的内容，很喜欢，你可是我们大家心里的明星。"

这条留言，一下子将我击中，思绪刹那间被拉回到了故乡。

新疆昌吉的那个老院子，那是我关于故乡，关于挚爱亲朋的全部眷恋。一幢老式板楼，一层四户人家，我们家住在正对楼梯口的那间，两边分别是胡阿姨，石阿姨和钟阿姨的家。

四位母亲，有着相同的遭遇：早年丧夫，独自一人拉扯孩子们长大。

都不容易，也就拉长了大家的感情，所以彼此之间经常互相照应。尤其是母亲去世后，她们更是把我当作自己的孩子般疼爱，家里做了什么好吃的，总会给我留一份。

那些年，我吃过胡阿姨炸的油条，钟阿姨烙的韭菜盒子，石阿姨的糯米油饼。糯米油饼，可是石阿姨的拿手绝活，把蒸好的糯米糕夹在热腾腾的油饼里，一口咬下去，满嘴滋香，每次想起都垂涎不已。

在艰苦的北漂生活里，这些美食成了我内心最美好的想往。

当年，我工作的修车厂因为效益不好，就允许一部分人提前退休，而不到退休年龄的职工也可以买断工龄，由公司支付一笔遣散费。

当时，我就在心里盘算了一下：我修车十年，可以拿到三万六千块钱的遣散费。这笔钱对于当时的我来说无异于天文数字，它意味着我终于可以有机会实现自己的梦想；意味着在人生的旅途中，我可以获得重新选择的自由。

心意定，我就把自己的这想法告诉了几位阿姨。

不出意料，阿姨们的意见完全一致，都说："你还那么年轻，就丢掉铁饭碗，这风险太大了！"

"铁饭碗"是那个年代的一个特有名词，它代表一份吃穿不愁，旱涝保收的工作，意味着生老病死都有人管，这样安稳、安全、安定的工作是当时很多人所梦寐以求的。

我知道她们都是为我好，但我心中另有想法。

那年我二十六岁，周围的同学、朋友都已经陆续结婚生子。当时，也有几个女生对我表示过好感，但都被我拒绝了。因为我知道心里还有一个梦没有实现，如果就这样开始一段恋情，不单是对梦想的背叛，更是对对方的不负责任。虽然，当时的我并不知道自己的梦想是否有实现的可能，可是如果不去试一试，又怎么知道不行呢?

于是，那年春天我向单位递交了买断工龄的报告，遣散费很快发了下来。

很快，我就计划好了去北京的日期。

在这喧嚣复杂的世界里，
我能够用自己的声音铺展人生的道路，一直坚持做自己。

临行前几天，几位阿姨开始为我准备行李，用她们的方式向我告别。

胡阿姨在卖早餐的时候，特地为我炸了几根大油条。一天早起晨练，正要出门时，她叫住我说：“孩子，再吃几根我炸的油条吧，以后想吃就不容易了。”当时我的眼眶就湿润了，感动得却什么也说不出来。

那几天里，左邻右舍的阿姨、叔叔们都来送我，有的在我兜里塞几十块钱，有的叮嘱我在外面千万要当心……

这么多年过去了，这一幕幕依旧在我脑海中清晰闪现。

如今我已远离故乡，在几千公里之外的城市里谋生。

当年那个遥远的梦想已成为现实，然而记忆中的故乡因为家人的陆续离开，因为路途的太过遥远而渐渐变成了一个地理名词。但是，被那些朴实而真诚的邻居们焐热的岁月，我是永远都忘不了的。

这是我心里永存的最深情的日子。

其实，这些年我也从大家的口信里得知，故乡里的人们一直关注着我。

从那个懵懂腼腆的年轻人，到家乡人口中能在北京买房、成家的中央台播音员，我从未离开过他们温暖目光的注视，而无论我如何变化，在他们眼底我依旧是那幢旧板楼里痴迷播音梦的“小马”。

人生路上，我不要岁月平庸无趣，所以一直奋力向前奔跑；我不愿轻易向困难投降，所以不断攀登，挑战自己；我不想寝食难安，所以我一直抗拒着功利之心。

在这喧嚣复杂的世界里，我能够用自己的声音铺展人生的道路，一直坚持做自己。

想来，这份初心也源于不愿辜负家乡亲友们热切期待的倔强，因为我知道无论去向何方，他们始终都温润在我心底。

故乡，在无数游子们心中被拉扯成长长短短的愁绪。

于我，如是。

每当我忆起故乡，心中都充满着无限甜柔的回忆，那些回忆，一直珍藏在我心中，温暖着我前行的道路。

故乡，其实，我从未离开过。

故乡，是家，亦是我的根。

故乡的人，是亲人，亦是我前行的力量源泉。

故乡的日子，是深情，亦是终生难以忘怀的静好岁月。

I

姐姐

我的内心是你最好的天堂

二姐走后，我一直珍藏着那封未给她寄出的信。想她了，我就拿出来看，依稀仿佛她们在我的身边。

《未给姐姐寄出的信》，是民谣歌手赵雷演唱的一首歌的名字。

事实上，我也有一封未给姐姐寄出的信。

二姐是在2011年的秋天去世的。

那年9月中旬，我接到大姐的电话，说二姐快不行了，她希望在生命的最后日子里见见我。

匆匆处理完手头的事，暂时放下电台的节目，我流着泪登上了飞往乌鲁木齐的飞机。

北京到乌鲁木齐，飞机只要三个半小时。可是，这三个小时对我来说是段漫长的煎熬。

三个多小时里，过往一幕幕地出现在我的脑海中。

7岁时，二姐牵着我的手，带我上学；十六岁，我开始做汽车修理工，怕我冷着，她连夜给我打了一双毛手套；二十七那年，我离开故乡，决定来北京，全家人中只有她无条件地支持我。

在我登上乌鲁木齐到北京的绿皮火车时，我看到站台上急急赶来的她，透过车窗，她塞给我2000块钱，并亲切地告诉我："如果不行，就回来。"

2006年，我在北京贷款买房，二姐毫不犹豫地从不多的积蓄中，拿出五万块钱给我，她说："小弟，有了房，在北京你就有家了。"

想到这些，我的心久久不能平静。

这些年，我在北京的电波里讲述别人的故事，分享别人的故事，为其他人传达着真善美，但对姐姐的关心却是越来越少，更别提什么回报了。

我曾一直以为，二姐这么善良的人一定会家庭幸福，健康快乐地生活下去。

可我并不知道，就在二姐为孩子付出，为工作忙碌的同时，她和姐夫的情感出现了问题，这让一心为家庭付出的二姐情绪崩溃，也直接导致了她患上乳腺癌。

尽管当时发现的早，可没几年还是旧病复发。

这一切，要强的二姐从没有跟我说起过。

每一次，我打电话过去，她都强颜欢笑说过得很好，而不希望我因为她的事在工作中分半点心。

飞机在万米高空中穿行，我拿出纸和笔，流着泪，给二姐写下了这一封永远无法寄出的信。

姐：

真希望你能看到这封信，真希望你能康复，来北京看看我现在的生活。

小时候，你曾说过，长大了你要攒很多钱，带着我来北京吃烤鸭。

那时候你总把家里最好的东西留给我，我六一节穿的白衬衫，我最爱吃的饺子，我冬天穿的新棉袄，还有过年你省吃俭用给我攒钱买的新衣服。

父母去世的早，大姐和哥哥为了养家常年在外出差，家里所有照顾我的事情都落在你的头上。每天很早，你就起来给我做早饭，然后喊我起床，带我一起上学；晚上辅导完我作业，安顿我睡下，你又开始给我洗衣服，做家务。很多个深夜，我从睡梦中醒来，看到你还在忙碌着，但你从不说累。其实，你只比我大六岁，也还是别人眼中需要被呵护小女孩。

姐，这些年，我在北京挺好的，你资助我买的房，让我在夜色里有了温暖的方向。我在工作中也有了一些成绩，越来越多的人听到我的声音，我真希望，我的这些快乐，也能让你感受到。如今，小弟有能力了，我要带你来北京，实现我们小时候的那么多的梦想，给你买最好看的衣服，找最好的医生给你看病。

姐，你一定等着我，我很快就会回到你身边……

这封信，被我小心翼翼地放在了皮包的夹层里，想到了医院给她看。

下了飞机，倒了几趟公交，我终于来到医院。二姐看到我，已经昏迷的她睁开眼，流下了眼泪。

几天以后，我带着二姐回到她所在的库车县。

她最想看到女儿，所以执意向医生要求转回库车医院继续治疗，我和大姐知道，二姐的生命已经到了最后阶段，所以满足了她的一切要求。

一个月之后，二姐在我的怀中离去。

若干年前，看过一部电影，其中有几句台词我一直记得："兄弟姐妹，原本是天上飘下来的雪花，落到地上，结成了冰，化成了水，就再也分不开了！"

我知道，二姐她只是换了一种存在的方式，老天把她从我的身边带在我登上乌鲁木齐到北京的绿皮火车时，我看到站台上急急赶来的她。

走。但，我的内心就是她最好的天堂。

二姐走后，我一直珍藏着那封未给她寄出的信。

想她了，我就拿出来看，依稀仿佛她仍在我的身边。

Ⅰ

你所不能逃避的离别

就勇敢面对吧

在别离中明白生命的残酷，在别离中经历爱恨纠葛，
在别离中慢慢找到前行的方向。

十八岁的弗兰茨，曾在熙来攘往的火车站问自己：“一个人能承受住多少次别离？”

家庭的变故，求而不得的初恋，时代无情的冲击，都化作时间的浪潮，推着他这个时间洪流里的纯净少年慌张而勇敢地前行。

《读报纸的人》这部感伤却不沉重的小说，被作者罗伯特·谢塔勒用轻松幽默的语言娓娓道来，让读者仿佛置身于20世纪30年代末的奥地利，在兵荒马乱的维也纳感受一个报亭学徒如何成长，如何审视自我，如何面对那个纷杂的世界。

我的第一次别离，在十六岁那一年。

那年，我中途辍学，准备远赴他乡讨生活。还记得离别的前夜，我问大姐，工作了有什么好，大姐对我说，工作之后，你每个月就能有固定的钱自己支配，想吃什么吃什么。

那时，我那么馋，这个回答让饥饿的我兴奋不已，却丝毫没有意识到即将到来的残酷的生活和扑面而来的纷扰，将会给一个十六岁的少年带来怎样的挫折和磨难。

一场暴风雨，催生了弗兰茨生命中的第一次别离。

这个生长在萨尔兹卡默古特的渔村男孩，迫于家庭生计，在母亲的安排下要去维也纳一家报亭当学徒。弗兰茨就像翅膀刚刚长硬的雏鸟一样，被母亲从舒适安全的鸟巢里推了出去，不得不独自面对偌大的世界。

不论身处在哪个时代，哪个地方，孩子与母亲第一次离别时的情绪都是一样的。

弗兰茨没有做过任何关于别离的心理准备，他惊慌失措得说不出话来。而弗兰茨的母亲，用一个突如其来的耳光表明了她的决心。这一次，弗兰茨是真的要离开母亲的庇护，像个大男孩一样出去闯荡了。

其实要去闯荡的地方，只是弗兰茨母亲一位老朋友的小报亭。

曾在战争中失去一条腿的卖报翁奥托·森耶克，开了近二十年的报亭，他教会了弗兰茨怎样给不同的顾客介绍报纸，告诉他报亭的经营与政治之间那丝丝缕缕的关系，以及雪茄对于一个报亭的意义等等。

和弗兰茨一样，在那些离别的日子里，我承受着孤独和疲惫。

在一次一次内心的冲撞和现实的挣扎中，我找不到前行的方向。唯有用我最喜爱的广播，来解忧。

修理厂的师傅大都淳朴，繁重的体力劳动和戈壁滩上贫乏的业余生活早已将他们对生活的希冀和憧憬冲刷磨灭。

所以，师傅们对我业余时间喜欢听广播颇为费解。

有一次，我跟关系最近的师傅说起，有一天我想走出戈壁，成为一名播音员。听完后，他语重心长地对我说："其实每一代年轻人都有自己的梦想，我又何尝不是呢？可现实是残酷的，走出戈壁，外面的世界是怎样的，谁也不知道，你会遇到什么困难，生活问题怎么解决，这些，你都想过么？”

后来，他还打了一个让我无比绝望的比喻：“我们都像是如来佛手里的孙悟空，纵使是孙悟空会七十二变又如何，也终是没能跳出如来的手掌，更何况我们这些没本事、没背景的普通人呢？”

那天，我的心情异常灰暗，我理解师傅的话，对于我们这些没走出过戈壁，常年待在这个石油大院里的人来说，大院里的一切就是我们的天地。

尽管在这里，工作收入微薄；尽管在这里，没关系，没背景，但只要靠着这单位，就能旱涝保收，就能安稳过一生。

而外面的世界，一切都是未知。

未知，就意味着不安，意味着动荡，意味着朝不保夕，困难重重。

不过，十年之后，我还是选择了离开，怀揣着寻求改变的心……

弗兰茨的生活里，也有一个师傅，奥托·森耶克。

在他眼中，看似严肃冷淡的奥托·森耶克其实有着一颗善良正直的心。1938年，纳粹德国入侵奥地利，数以万计的犹太人被迫害，流离失所。面对疯狂的世界，奥托·森耶克没有丢失他的理智，遇到不公的对待，他会勇敢地站起来说话。

只是，最后他还是被陷害入狱，因为莫须有的罪名丢失了性命。

对于师傅的言传身教，弗兰茨始终谨记于心，并时刻像他一样清醒地坚守着自己心中的正义。

在几百万被打压的犹太人中，有一位是著名心理学家，西格蒙德·弗洛伊德。弗兰茨与这位年迈的心理学教授成为了朋友。年轻的弗兰茨给弗洛伊德带来了久违的活力，这活力是与精神诊所里浑浑噩噩的病人们完全相反的生命力。弗洛伊德像一位精神导师，也引导着弗兰茨去思考爱情、女人和欲望。弗兰茨，因此开始剖析自我，探索自己的梦境，寻找外界与内心之间的平衡。

只是，作为犹太人弗洛伊德最终不得不背井离乡，举家搬离维也纳。

弗兰茨在目送教授上火车之后，深深地感受到自己对世事与时局的无可奈何。

时间像河流，带着你顺流而下，并给你展示每一件事情的真相。

果然，离开之后的动荡和不安，逐渐显露出来，我身在其中，时常迷茫，也时常问自己，这样选择，到底值不值得？

在一步步前行的过程中，跌倒过无数次，却因知道没有退路可回头，只好硬着头皮继续走。

原来，这世界所有的坚定，都来自于置于死地后的无可选择。

但和弗兰茨相比，我的生活还是要平顺很多。

和平年代里，毕竟不用遭受那么多大时代背景下的动荡与颠沛流离。

相比而言，弗兰茨的生活经历了太多年轻人无法承受的动荡了。

在普拉特游乐场里，弗兰茨对波西米亚女孩阿娜兹卡一见钟情。阿娜

原来，这世界所有的坚定，
都来自于置于死地后的无可选择。

兹卡第一次不告而别后，弗兰茨魂牵梦萦夜不能寐，他认为自己恋爱了。可这恋爱只是弗兰茨单方面的。女孩有自己的生活，有自己的工作和必须去留的地方，这些跟他弗兰茨无关。对此弗兰茨感到是这样的无能为力，他只能在自己的思念里辗转反侧，寻找消释痛苦的办法。

与女孩的离别像当初母亲的那个耳光一样突然。

而当时过境迁，弗兰茨如同勇士一般在纳粹面前保护阿娜兹卡时，他却发现自己心爱的女孩早已选择了力量更强大的一边。尽管弗兰茨也早已不是刚来维也纳时的那个不谙世事的小男孩了，但他仍然感觉到自己的渺小、无力。

他无法留住所爱之人，更无法与这个疯狂的世界抗衡。

于是，弗兰茨开始用自己的方式对抗那个时代。

夜里狂奔的身影，被摔落的纳粹旗帜，在风中立起的单腿裤子，是弗兰茨对纳粹世界的嘲笑，也是对自己痛苦的解脱。

七年之后，弗兰茨曾爱过的阿娜兹卡回到了报亭，或许她终于想要过安稳生活了。可陈旧的报亭早已被时间尘封，曾说要带她回到家乡萨尔兹卡默古特结婚的弗兰茨已无处可寻了……

他们之间，成了永远的别离。

弗兰茨，永远留在玻璃橱窗上的梦境里，天竺葵闪着光芒里，绽放的是一缕红色的、柔弱的希望之光，摇曳在努斯多夫那座小渔房的窗外，也摇曳在无数在别离中成长的人们心中。

日子过得越长，生命便显得越短。

这一生，我们一直都在别离，有时，是必须要离开，有时，是必须要留下。这，就是生活吧。在别离中明白生命的残酷，在别离中经历爱恨纠葛，在别离中慢慢找到前行的方向。

别离，让我们迷茫，也让我们不断地成长。

诚如，别离中从男孩变为男人的弗兰茨。

I

青春

就得让明天的你感谢今天的自己

不要等到无路可走，才后悔自己没有拼尽全力。
不想努力的时候，问问自己，我凭什么？

一位留学海外的听众小H对我说，他在海外过的孤独而迷茫，不知道什么时候才能适应，不知道未来究竟会是什么样子。

“你现在的生活是什么样的呢？”我问小H。

他告诉我，身边其实有很多来自中国的学生，但是他们和自己过着完全不同的生活。

最初，大家都是初到异国，面对语速超快又带口音的外语，面对不知如何下口的食物，以及完全难以适应的文化冲击，都感到无所适从。

但是很快，大部分留学生就开始抱团生活了，他们一起吃饭、一起上课、一起打游戏，一到节假日还组团游遍欧洲各国。然而，小H却不能，不是不愿意和他们抱团，而是因为他的家庭。

他没有多出来的钱，来和他们一起消遣游玩。

家人为了实现他的求学梦，已经搭上了半生积蓄，所以他不能像他们那样不受物质条件的约束，任性潇洒。为了不给父母增添更多的负担，小H的课余时间就全都用来做自己并不喜欢的兼职，好以此来赚取自己的生活费。

除了兼职的无奈和辛苦，对家乡的思念也深深地折磨着小H。

他不能像别的富二代留学生那样，随随便便就买张飞机票回中国的家里住几天，便只能任思念将自己吞没。在想家想得睡不着的夜晚，他只能选择跟房东家的老奶奶聊天来分心。

对小H而言，学校里的学习任务也并不轻松。

教授在每堂课的下课前，都会发下来一大沓学习资料，供学生阅读。如果学生愿意，可以就此写一篇小论文发给教授审阅。

这，并不是强制性的作业，写与不写全凭自愿。

绝大部分中国留学生，在拿到学习资料后，随便将它塞进包就奔向酒吧或者赌场了，然而，小H却将它们工整地装进书包，走进图书馆，认真地对照着其他书籍仔细研究起来。但由于语言应用不熟练，小H总是感到困难重重，每堂课后辛苦写出来的小论文，也总是被教授用红笔批得密密麻麻。

于是每天，小H除了要写当天的小论文，还要花好几个小时，修改前一天的小论文。

就这样，在离家几万公里的异国他乡，小H的每一天都过得辛苦而忙碌。

要上课，要做功课，要兼职。因此，他感到无比的孤独和迷茫，不知道这样的日子还要持续多久，不知道自己什么时候才能适应这样的生活，也不知道自己的未来到底会是什么样。

他很羡慕那些富二代，羡慕他们的潇洒自在，羡慕他们的无拘无束，然而他却似乎永远无法和他们一样。

微信平台上，有个九零后姑娘问我：为什么公司里所有的人都讨厌我加班？

我听了好奇，请她仔细讲讲。

她说：公司里所有人都讨厌加班，五点半刚下班就纷纷往外走，见我留下来加班，每每都冷嘲热讽，说我假装勤奋。我觉得好委屈，我只是想把当天的工作认真检查一遍，再看看有没有更多可以学习和改进的地方。

关于加班，我听到过太多年轻人的抱怨。

同龄的哥们儿和女友惬意地去看电影，自己却只能埋头工作；假日里，闺蜜已经踏上去往异国的新鲜旅途，而自己却远离游人如织的景点，在格子间里匆忙度过。

每天晚上，披星戴月地回到租住的房子里，疲惫不堪地倒在床上沉沉睡去，第二天又是如此这般度过。

日复一日，仿佛永远没有尽头。

关于加班，我还听过很多人的吐槽，说加班是最无用的勤奋，它要么说明公司的人员配备不合理，要么说明你的能力欠佳。

那么，辛苦劳作、加班加点，真的遭人讨厌，毫无价值吗？

关于加班，还是来说说我自己吧！

做主持人的这些年里，我一直是办公室里加班最多的那一个。

最初进台的那几年，因为我文化底子薄，业务基础差，所以加班加点熟悉业务和学习知识，是我尽快适应台里快节奏工作的唯一方法。

那时，同一个频率里，最早到办公室的那个人肯定是我。

做主持人的这些年里，
我一直是办公室里加班最多的那一个。

每天，简单地打扫过工作间之后，我就开始了一天的忙碌。先清嗓练声，然后回听一些优秀主持人的节目。

这些预热工作结束后，我才开始编辑自己的节目，写稿，联系嘉宾采访，然后录音，并且还要不断地回听、修改，这样的过程通常会持续好几个小时。

几个月之后，我开始上直播节目。

一些有经验的同事，通常不会花太多时间做准备，他们确定话题后，拿着音乐碟，就能潇洒地完成直播，大不了话不够音乐凑。而我做节目的经验少，所以每一期都很认真地编排，反复研究从哪段音乐的节点开始说话，又得从哪个节点结束。稿件中的每一句话该如何措辞，嘉宾的问题该怎样编排，等等。

所有直播中可能出现的情况，我都要在准备过程中提前设计好，想好预案。

那时，常有同事问我：一期节目为什么要准备那么久？还有人见我周末还在办公室里加班，就调侃说：难怪你没有女朋友。

面对这样那样的质疑，我总是不知该如何回答才好，但是现在想来，那些加班的日子，真的是我业务成长最快的一段时光。

事实上，加班的确是一种最常见的工作状态。

当然，如果是公司的人员配备不合理，那么你的确可以赶紧走人；但实际上，绝大多数情况并不是这样，而是你自己的业务能力有待提高。

最后，说说我的一位朋友，曾经的职场“点儿背王”。

曾经，我有位朋友苦笑着对我说，她简直是职场中的“点儿背王”，工作没多久就遭遇全员大改制，不但被调到自己不想去的岗位，还遇到了处处压制自己的顶头上司。而且因为她性格内向，总不愿和其他同事一样，去讨好那位女上司，所以便经常被派出去义务跑腿，义务处理各种琐碎事务。而一旦项目遇到问题，女上司也总会最先安在她的头上；就算是项目圆满完成，她的功劳也总会被刻意忽略。

刚开始，这位朋友很是气不过，凭什么自己要受到这样的对待？

但平心而论，这个岗位的确能给她带来更多的挑战，更多的收获。

在这个岗位的三年时间里，虽然压力大、受排挤，但是在数不清的加班的深夜，她恶补专业知识、勤练业务水平，一项项梳理自己的工作流程，努力端正工作态度。

尽管三年来，她的工资没涨多少，但收获之大，却是以前的自己想都不敢想的。

等到三年的劳动合同到期，这位朋友迅速辞职，应聘去了一家业内排名更高的公司。

很快，凭借着丰富的经验和优秀的业务素质，她披荆斩棘、过五关斩六将，很快就拿到了心仪已久的offer。

三年后，这位朋友对我说：那些加的班，只要不是无意义地干坐着聊天、打瞌睡，总不会白费的。

于是，我对小H说：

“你根本无须羡慕那些富二代，在国内，很多和你同龄的年轻人都很羡慕你呢，羡慕你的家人有能力无条件地鼓励和支持你的求学梦，羡慕你不但已经站在了一个比较高的起点上，还在此基础上不断努力。”

“所以，尽管你的生活并不会一下子就呈现出美好的前景，但只要你不放弃，总会一点点好起来。

“这段经历也许现在并没有显现出它独特的意义，但当你进入下一个人生阶段的时候，回头看，你就会发现，正是这段孤独而迷茫的历程，为你的未来奠定了坚实的基础，让你可以在未来的某个时段，以最快的速度爆发出巨大的能量。到时候你就会知道，自己曾经吃过的苦，自己曾经受过的委屈，都是暗藏的人生财富。

“而现在你能做的，就是坚持下去，为了爱你的人，为了你自己，全力以赴。”

对那位九零后姑娘，我则说：

“你看那些傻傻地听了加班无用论的人，换了一家又一家公司，到头来发现，没有一个地方的新人是不用加班的。

“努力从来不丢人的。只有不想努力工作的人，才会觉得努力没用。他们总是理所当然地以为人生有一条通向成功的捷径，却从来不相信，一个人必须非常努力，才能在职场上游刃有余。

“人生的路，没人替你走；青春的梦，没人替你圆。

“提前吃苦总是有意义的，只是越早吃的苦，越无人知晓，越需要用成熟的心智和超人的毅力去面对。工作之后的努力总会有或多或少的物质回报，而年少时迷茫而看不到收获的付出，更值得被称道。”

的确，人生有无限可能，职场中瞬息万变，可能会发生的情况有很多。

有时，尽管我们拼命向前、努力工作，却还是会因为这样或者那样的原因而感到压抑和迷茫、无奈和埋没，遇到这样的情况，不必太担心，只要燃起斗志、砥砺心智，总会有进步。

对年轻人来说，学习和工作的头几年，就是最好的升值期。

在这几年，学东西最快，犯错又最容易被原谅，唯一的代价不过就是多受点累而已。

所以，并不是所有的努力都没有未来，并不是所有的加班都毫无价值，有些加班就是年轻人该吃的苦。因为在不远的将来，必定会有新的机遇在召唤你，就等你尽早准备好。

这世上，哪有没吃过苦就成功的人。

不加班的青春，的确看起来无限潇洒、肆意放纵；的确可以暂时地闲适惬意、无拘无束。但，没有付出，又怎会收获到回报呢。

你是选择用年轻的生命，去透支未来的轻松，还是选择在下班后多加一小时的班，在办公室里拼尽全力、越战越勇，为那遥远的、看不真切的未来签下一份力透纸背的担保书？

下班后的一小时，有时候真的可以决定一个人的未来。

在日日夜夜的辛苦加班之后，等待着你的，可能就是崭新的人生。

所以，不要等到无路可走，才后悔自己没有拼尽全力。不想努力的时候，问问自己，我凭什么？

加班的青春，也许的确色调单一，走笔模糊。

但这世间，没有哪一副绝世画作不是从空白的纸张上起笔的，那些底稿尽管潦草不成形，但经历漫长岁月的着色与修饰，终会成就世间仅有的绝色。

到那一天，你就会知道，那画卷背后的执笔人所经历的苦与泪、痛和难，都是人生历程中最难能可贵的宝藏。

即使爱得深沉

也别让自己活到卑微里

没错，我还在这里，没错，你也在这里。
但是，我们回不去了，回不去了。

任何情感，在萌芽之初，都极其微弱，却又无比坚韧。

它长在心灵深处，郁郁葱葱，无人知晓；它穿过孤独，肆意生长，一意孤行。

恼人的思绪，总会在夜半席卷而来，四周喧嚣落定，内心如起伏的海，难以平息。

我常常在凌晨时分，看到小茹发来的文字，最初是140个字的微博，后来是一封一封的来信，在这样“狂轰滥炸”般的书写传递里，她的故事慢慢清晰完整起来……

大一，入学不久，小茹认识了佳明。

那天，她抱着新发的书往教室走，在拐弯处，撞到了一个人。

正是秋天，男生穿了一件白色的球衣，抱着一个篮球，高高帅帅地，站在她的面前。一笑，露出洁白的牙齿。小茹一直记得那个情景，那男生对她说抱歉，同时，把额前的散发向上撩了撩，也就是这个动作，从此住进了小茹的心里，如定格的画面。

喜欢打篮球的男生，似乎应该是篮球场上的常客，而并非舞蹈房里的明星，亦非图书馆里的书呆子。

然而，小茹却打听到，那男生，高她一届，是学校街舞社团的学长，学的是数学，最喜欢泡在图书馆里攻克数字迷宫。

这让小茹心里生出些微欣喜。

那时，小茹很矮，虽不算胖，可四肢从没有协调过，但她还是决定去那个社团，学街舞。

正式加入街舞社之后，小茹每周有两次机会，能够看见他。

每一次，看他投入地舞蹈，沉浸在HIP-HOP DANCE，Breaking和House旋转的节奏中，直到汗水浸湿全身，小茹都感到心里湿漉漉的，情愫蔓延的心里仿似有一颗种子被浸透，长啊长。

有一次，小茹终于有机会和他聊天。

他笑着说，不能理解，为什么小茹每次训练都想办法偷懒，他说，练舞真的是一种享受。打那以后，小茹便不再偷懒，每次训练都踏踏实实地认真完成，每次都和他一样，满头大汗。

一次训练结束，佳明问小茹，要不要一起去聚餐。

没等小茹开口推辞，佳明就回过头对大家说：“今晚加上小茹，我们一起聚餐。”

吃饭的时候，佳明义正辞严地对小茹说：“哎，你要多吃点，你看你瘦的，肯定找不到男朋友。”小茹有些莫名感动，看看周围的女生，没有一个比自己胖，突然觉得有些心跳，就埋头使劲吃。

小茹的饭量，竟然吃赢了在场的三个大男生。

后来，社团每次聚餐，佳明都喊上小茹一起，佳明这样对小茹解释：“大家说，带上你吃自助餐不吃亏。”

小茹抬头看向佳明，问他：“只是因为吃自助餐不吃亏么？”

佳明很好看地笑了笑，把手搭在她的肩上，侧着脑袋对她说：“还因为你吃饭的样子好看又有趣啊，而且，你这么矮又那么瘦，一定要多吃点嘛。”说完，佳明还顽皮地在自己身上比划了一下小茹的身高。

佳明178，小茹158，就好像一抬头就能说爱你，但隔了20厘米的距离，剩下的，便只有仰望。

小茹和佳明的关系越走越近，可以旁若无人肆无忌惮地勾肩搭背，可以一起吃饭一起跳舞，可以一个打球一个喝彩，可以一起泡在图书馆里看书。

只是，也不过仅此。

舍友对小茹说，这是危险信号，关系越好，你们就越不可能成为情侣。

小茹有一瞬间的落寞，可是，她无从改变，她既不愿刻意地疏远他，也不敢让他看见自己心里那摇曳肆意的爱。

小茹喜欢佳明，她想和佳明成为好哥们之外的另一种关系，像其他的校园情侣一样，可以牵手，可以拥抱，甚至，可以接吻……

但是，和佳明相比，自己那么平凡，还那么矮……

小茹一个人的时候，常常会叹息，自己真的是越来越胖了。

从大一到大三，和佳明认识三年了，她已经从刚入学的105斤，长成了

130斤。而佳明，却越来越帅，喜欢他的女生，可以排成一个加强连。

有一次社团聚餐，一名女生拿出一封信递给佳明，说是同宿舍的女孩写给佳明的。大家起哄让佳明念出来，佳明不肯，还羞红了脸。

有人抢了过去，大声读起来，没想到，那女生在信里说，这是两年来，她为佳明写下的第一百二十一封信，请佳明做她的男朋友。

小茹心里一紧，默默念叨：一百二十一，多么庞大的一个数字啊！

佳明并没有伸手去夺回那封信，而是难为情地笑了笑，余光看向小茹。

小茹低着头，拼命往嘴里扒饭。

两年多来，那女生一直爱慕着佳明，可惜，电影里101次求婚的人生喜剧并没有在现实生活里上演，佳明从来没有回过信。

那次聚会后，小茹决定，让自己心里的爱始终只摇曳在自己的心里。

如果说，她曾经想将它亮出来，展示给佳明看，那么如今，她只想将它深埋心底。对于佳明，她有了深的怕，她怕他们连朋友都做不成。

那几年，小茹特别喜欢听一首老歌，歌名叫《爱你怎么说出口》。

有一次，佳明偶尔摘下她的一只耳机，塞在自己的耳朵里。过了一会儿，扭头问她："你怎么喜欢听这么怀旧的老歌？"

她突然不安起来，夺过耳机，扭过头，不去看他。

那一刻，小茹是那么恨自己，恨自己懦弱，也恨自己卑微。

任何情感，在萌芽之初，
都极其微弱，却又无比坚韧。

懦弱的，是自己始终不敢对他说出自己的真心话；卑微的，是自己因为爱他而每晚都梦到他。

小茹大三那年，佳明大四，在一家外企实习。

那年的元旦晚会，街舞社团决定请佳明几个前辈回校，帮大家排一支舞。

宿舍的小姐妹知道小茹一直喜欢佳明，就怂恿她趁此机会，向佳明表白。

小姐妹替她写好了情书，想好了台词，可是，小茹拒绝了，她还是只能做自己。

就这样，踌躇着、纠结着、磨蹭着、等待着，一次次想要张嘴说，一次次落寞地低下头。

元旦晚会很圆满，大家照例在一起吃饭、喝酒。

不过，这一次很多大四生都不再是孤家寡人，佳明也未能免俗。

就在那一晚，小茹见到了佳明的女朋友。

就在那一晚，小茹喝醉了。

聚会结束的时候，天空下起了小雨，佳明扶起醉得一塌糊涂的小茹，对她说："我送你回去。"

小茹踉跄着挣脱，留给佳明一个恍惚的背影。

有谁看到小茹那一晚的眼泪?

伸手不见五指的夜，看到了。所以，陪她一起，掉下了眼泪。

大三即将结束的时候，小茹终于开始了真正属于自己的初恋。

这一次，真的应有尽有，情书、约会、看电影、赌气、流眼泪，像所有情侣一样谈着恋爱。

只是太多时候，小茹显得心不在焉。说不上为什么，都说恋爱中的人最幸福，可小茹心里，总会有淡淡的惆怅。

那薄青瓷一样的暗恋，已经在岁月中慢慢变冷，如同冬天来了，衣裳薄了，她要把过去藏在心里才好。

大四毕业前，街舞社的社长召集了所有能联系到的，还在北京的成员，来了一场“最后的狂欢”。

小茹犹豫很久，辗转听说佳明也去，才最终决定参加。

那一天，大家喝的都有点多，有人提议，玩个游戏吧，真心话大冒险，说当年谁暗恋过谁，一定要说出来，大家认为对，就喝酒，不对，就自罚。

还没有轮到自己，小茹就心如撞鹿，浑身发抖。

先轮到佳明，他侧头看了看小茹，又一次很好看地笑了笑，然后轻轻地说：“我暗恋过她。”

就在那一瞬间，小茹心中，那花了一年多时间，才堆砌起来的坚硬的城墙，呼啦一声，倒塌了，那棵早已枯死的爱的嫩芽，赤裸裸地躺在小茹的心里，凄凉而悲哀。

世界都安静了下来，小茹觉得，当时的自己，一定是进入了异次元，什么也看不见，什么也听不见，宛如坠入了命运的谷底。

渐渐地，小茹回到了这个世界，她听见有人在耳边笑闹着说：“佳明终于说出心里话了，我早就觉得这小子不对劲，肯定动过人家心思。看，脸还红了，来，喝酒喝酒。”

小茹不敢看向佳明，她说不清那一刻，自己的感受，心酸还是甜蜜。

原来，他也曾喜欢过自己，这曾是自己多么期盼和欣喜的答案，可为什么，直到今天才说出口。

年年岁岁花相似，岁岁年年人不同。

如果时光转换，退回到一年前，小茹心里那棵为爱摇曳的嫩芽，一定会幸福地开出花儿来。

可如今……

人生不是童话故事，没有那么多的偶然和巧合，没有说出口的，必将永远沉寂在心底。那层看似坚硬的壁垒，在他说出真相的瞬间，轰然倒塌，爱与不爱，也已经不再是你与我之间的话题。

没错，我还在这里，没错，你也在这里。

但是，我们回不去了，回不去了。

小茹的故事终于讲完了，我曾经问过小茹，既然你们都心生欢喜，为什么没有尝试着重新走到一起？

小茹叹了口气，轻轻地说，没必要了，当那份蓬勃的情感已经穿越孤独，已经出离炽热，所有错过的，就只有错过了，那棵爱的嫩芽已经枯萎，能够留在心底的，只有它曾经摇曳蓬勃的影子。

也是，哪一段青春不荒唐，哪一场暗恋不受伤。

生活不是电影，没有那么多的阴差阳错和不期而遇。曾经相遇，总好过从未相遇。

不过，也只有错过了前面的人，才能有机会遇见后面的人。

缘分，永远都是无法预料的，也永远无法重头来过。

我一直告诉自己

“笨鸟先飞”的道理

人生就像一场马拉松，刚开始时熙熙攘攘，你追我赶；

跑到半程，竞争者越来越少；

越往前跑，越敞亮，能跑到终点，冲向那根红线的人，其实并不多。

“人人生而平等”是相对的。

鸟窝里有一群刚刚出生的小鸟，有的机灵敏捷，有的迟钝缓慢，如果鸟类也可以测出智商和情商的话，这些小鸟在这二者上，绝对是不平等的。

我，就是那只笨鸟，而且再怎么努力，也无法先飞上天空，甚至连齐头并进都做不到。

从小到大，我一直都不是一个聪明的孩子，情商不高，智商也不高，如果要打分，最多也只能算勉强及格。整个学生时代，老师在我的评语栏写的最多的一句话就是：“要懂得笨鸟先飞的道理，只要你努力，一定能和班级里的同学一样齐头并进的。”

好吧，我承认，我是只笨鸟。

小时候，最让我抓耳挠腮的就是数学，无论怎么努力，我的数学成绩都像落队的乌鸦，好歹就是飞不起来。至今还记得，1986年，读小学六年级的时候，我每天都对着应用题发愁，那时候，应用题简直就是我的噩梦，白天让我头疼不已，晚上搅乱我的春秋大梦。那让人抓狂的应用题啊！

“水池有一个进水管，4小时可以注满水。池底有一个出水管，6小时可以放完满池的水。如果同时开进水管和出水管，那多少小时可以把空池放满？”上帝，是谁发明了这样烧脑的应用题！就算是老师讲过无数遍，只要题目稍稍一变，我就蒙圈。那时候，一看见应用题我就头皮发麻，脑中一片空白，然后就是狂想上厕所，恨不得逃离地球。以至于晚上总做噩梦，梦里对着数学试卷，心脏狂跳，紧张到四肢抽搐。

要懂得笨鸟先飞的道理，只要你努力，一定能和班级里的同学一样齐头并进的。

那时，总有“别人家的孩子”，一起读书时，应用题听一遍就会了，还能举一反三，学任何新知识新概念也总是一点就透。唉，当时面对这些“别人家的孩子”，我总是羞愧难当，每次走在校园里，看到他们春风满面地迎面而来，我就恨不能找个地缝钻进去。

直到现在，我还常常梦见自己趴在小小的课桌上，面对着惨白的数学考卷，上面是各种看不懂的应用题。然后，在漆黑的夜里，猛然醒来，才意识到刚才的一幕，不过是一场噩梦，于是长出一口气，庆幸自己已经走过了那段岁月，再也不用面对迷宫一样的应用题了。

进入初中之后，我的噩梦里便又多了物理和化学两张考卷，那些物理公式和化学元素让我永远都找不着北。其实我每天都很努力，我花大量的时间看书、做题，可那些促狭鬼一样的公式和元素，总爱捉弄我，将我的试卷涂成一张张布满红叉的丑陋的大花脸。以至于每次公布考试成绩时，老师都不得不在笑容满面地发完“别人家的孩子”的卷子后，在我面前上演变脸绝技，将一张京剧里压抑而吓人的黑脸，呈现在我的面前。

在我的学生时代，最惨痛的记忆就是初三那年的化学考试。当时，全班只有三个学生没有及格，我就是其中之一。

至今我还记得，化学老师走到我身边，皱着眉头，痛心疾首地教导我。当时，他并没有批评我，然而在我听来，却比批评和训斥，更让我无地自容。我低着头，听他一字一句地说着，时光在那一刻，像被照进了凸面哈哈镜里，被无限地拉长，长到连我的内心都自卑起来。

十六岁那年的冬天，辍学的我走进了修车厂。和我同一批招工进厂的，还有十几个同学。

离开了学校，走进了工厂，我想重头开始，不再做大家眼里的“笨鸟”。于是我不怕吃苦，干活绝不惜力。那时，班长常常表扬我：“我最满意的是，小马干活不怕脏、不怕累，还主动承担别人不愿意干的揭油底、扒轮胎的活儿。”的确，谁都承认我最能吃苦，但是和我一起进厂的同学们，最终还是比我更早地开始接触那些更有技术含量，更轻省的活计。

二十二岁那年，我狂热地爱上了播音。亲爱的读者朋友们，千万不要以为我有播音的天赋。

有一次，我专门请了一周的假，去参加新疆人民广播电台的老师在新疆昌吉举办的播音培训班。在那个培训班里，我见到了来自全疆各地的播音员，我是少数几名业余学员之一。

在那一周里，我成了培训班的“开心麻花”，只要一轮到我读稿件，大家就前仰后合地笑作一团。一篇几十个字的新闻稿读下来，老师常常要打断我七八次，不断地纠正我的发音和吐字。于是我只好一次次尴尬地摸着头发，惭愧地冲老师和大家歉意地傻笑。

二十七岁那年，来北京寻梦的第二年，我决定参加成人高考。成人高考只需要考四门课：数学、语文、英语、政治，满分四百分，只要考过一百九十分，就能读成人大专。对于参考的大多数人来说，一百九十分难度并不算大，相对而言，比上学时考六十分还要容易一些。可就为了那一百九十分，我没日没夜地复习了半年。那时，我在当时的北京广播学院上进修班，早晨九点上课，下午四点下课，其余的时间，我都在复习那四门功课。对于初中没有毕业，而且中断学习十年的我来说，要跨过一百九十分这道门槛，是那样的艰难。

三十岁那年，我幸运地通过了中央人民广播电台面向全国的招聘考试，成为当时的《都市之声》频率的一名主持人。可入职三个月后，和我同一批进台的八个人中，有六个都转成了台聘，还有一个去了电视台，只有我，因为学历低，没经验，不能转正。当时，频率总监还暗示我，说：

“你可以自己出去找找机会，别在一棵树上吊死。”听到这句话的那一刻，我只觉得浑身发冷，眼泪差点夺眶而出。

直到三十二岁，我才终于考上了传媒大学的在职本科。那时，我每晚都要做直播节目，而每个周五、周六、周日的白天都要到传媒大学去上课。整整两年，我几乎所有的节假日都泡在了传媒大学的校园里，尽管我是那样努力，但因为底子太薄，学起来还是很吃力。

三十五岁那年，我读传媒大学的在职硕士。好吧，我承认，我是班里岁数最大的那个，一起上课的都是刚毕业没几年的年轻人，课间同学们讨论的话题，对我来说永远像在听天书，哪一件都觉得好奇。一年半后毕业答辩，我是那届同学中唯一延期的一个，我认真地写了又写的论文，改了十遍才最终通过。唉，当时导师一看到我就挠头。

我一直都是一个笨小孩。

我是那只笨鸟，而且不管怎么努力，也没法先飞上天空。

我的身边永远站满了比我优秀的人。他们总会比我抢先爬上一座座高峰，站在我难以企及的制高点上。

所幸，笨小孩也有笨小孩的活法。

小学时，我的应用题不好，但我总是一遍遍擦干眼泪，继续做题。

中学时物理化学没学好，在那之后的很多年，我都在啃那些课本，即

那些出其不意跑出好成绩的人，都有一个共同的特点：
他们一直保持着前行的姿态，从不偷懒，从不懈怠。

使我已经离开校园，成了一名修理工。

修车时，我除了主动承担那些没人愿意干的苦活、累活，干完手头的活之后，我就赶紧去给师傅们打下手，观察他们如何完成那些技术含量高的活计。

虽然成人高考，我最终也只是勉强通过，但在此后为期两年的大专学习中，我始终没有松劲。大专毕业那年，我成了我们班里唯一一名校级优秀毕业生，我的英语统考成绩是全校最高的，播音专业课的成绩也名列前茅。

进入中央人民广播电台后，在同批考进电台的主持人和播音员之中，第一个被台里评为“十佳”主持人的就是我。如今，和我同批进台的主持人里，只有我还在话筒前工作，我主持的节目获选中央人民广播电台十佳栏目，还在各种评选中多次获得优秀。

我是只笨鸟，也没有先飞，于是，在数不清的受挫中，我用尴尬、惭愧、自卑、羞涩和无奈来应对自己的笨拙。

我一天天努力地走下去，哪怕每天只前进一点点、一点点，365天下来，总能够前进一步。

在日复一日的坚持中，我逐渐明白，暂时的困难和磨难其实不算什么，人生很长很长，我们需要的，不仅仅是热情，更要有行动、有毅力。

事实上，一路走来，我的确也从未想过走捷径，因为我没有捷径可走。

说实话，我恨过自己，恨自己那么笨，恨自己不开窍，可我就是我，我总归还是那只笨鸟，不管我多么努力，就是不能先飞。所以最后，我还是那只笨鸟，用最笨的方法一步一个脚印地前行。

一路上，我克服了各种困难，拒绝了各种诱惑，因为我是笨小孩，所以只能做好一件事，因此，我的目的地只有一个，只能有一个。

这世界，有梦的人很多，能坚持到底的人却很少。

人生就像一场马拉松，刚开始时熙熙攘攘，你追我赶；跑到半程，竞争者越来越少；越往前跑，越敞亮，能跑到终点，冲向那根红线的人，其实并不多。

没有谁可以从起跑线上看出输赢，那些出其不意跑出好成绩的人，都有一个共同的特点：他们一直保持着前行的姿态，从不偷懒，从不懈怠。

很多人说成功是一座独木桥，但是，它并没有我们想象的那么拥挤，因为能一直坚持下去的人，并不多。

“人人生而平等”是相对的。

鸟群里那群刚刚出生的小鸟，虽然在智商和情商上，绝对是不平等的。但都有一场漫长的生命旅程在等待着它们。就算是那只笨鸟，只要肯努力，最终还是能够飞上天空的。

“对于人与人来说：平等和坚韧，这是最重要的。”

在时间面前，我们都有平等的一生。

希望，我们都不要那么早就放弃。

希望，再笨的鸟，都能坚韧地张开翅膀，最终飞上长空。

后记

Postscript

我也走了很远的路，才抵达心里的那个梦

你可知道，我走了很远的路，才来到你的面前。

我从没有想过，有一天可以用一本书来承载自己的故事，那些曾经的向往和被生活压得喘不过气来的日子，那些一边抹着泪水，一边挣扎着追逐梦想的时光，那所有的付出和坚守，似乎在这一刻，终于沉淀出满掬渗指的重量。

这些年，我穿梭在一档又一档节目中，小说演播，生活服务，读书，或者情感，我在节目中阅读书里的故事，分享别人的故事。这一刻，我用一本书，讲述自己的故事。

我的故事和一个个数字有关。

十六岁，我是新疆戈壁滩上的一名汽车修理工，在我所工作的那个修理厂，我这个工种是最不起眼的。

夏天，故乡动辄三十几度的高温，让我无处躲藏，工作服遮挡不住的脸

和手臂常常被晒得黝黑脱皮，浑身上下沾满油污，无论怎么洗，手指甲缝总是洗不干净。

冬天，同样的二三十度，不过是零下。我穿着厚重的棉袄，一次次地趴在雪窝里，扒油底或装底盘。耳朵冻得通红生疼，头发和眼睫毛上结满了一层层冰霜。

但在工作之外，我的生活开始被一些神秘的东西牵引着，它们为我打开了一扇通往外面世界的窗口，让我知道，生命里还有那么多的精彩值得我去探寻……

于是，二十六岁那年，我拿着十年打工攒下的钱来到北京，开始在这座城市温暖的阳光下，试炼为梦想绽放的一双翅膀。

经历了一次次的跌倒和爬起，一次次地自我否定和重新修正后，我慢慢确定了自己未来的路，从此风雨兼程，浮沉不悔。

三十岁那年，我第一次走进中央人民广播电台的大门，这个我曾无数次在故乡的大喇叭里，在深夜的半导体中听到过的地方，为我敞开了大门。我见到了那些声音背后的温暖面孔，她们离我如此遥远，又如此切近，让我常常恍惚自己是否身在梦乡。

这些年，我哭过，迷惘过，也曾彷徨无助，也曾疲惫困顿，但最终，还是一点点地支撑下来，离我心里的那个梦，越来越近。

如今，我的梦还在继续，在北京这座庞大的城市里，我一笔笔书写着自己的故事。每一步都异常艰难却又坚定无比，每一步都浸满了汗水和眼泪。

这些年，常有人从纷扰的人群里走出来，走到我身边，对我说他曾在某个深夜听过我的声音，它是那这样朴实和真挚，那声音让他确定，我一定是一个有故事的人。其实每一个竭力盛放过的生命，都承载了许多值得被永远记录下来的故事，有的人将它们化入酒里，夜里举杯对月，浅斟独酌；有的人写进歌里，击节高唱，绕梁三日。而我选择笨拙地记录下来，小心地将它们放置在最安全和最温暖的地方，以我为载体，以时间为回溯点，与自己狭路相逢。

如果这书里的某个故事，甚至某句话，给了素未谋面的你些许继续前行的勇气和信心，那么这本书的存在也就有了意义。

我们这一生都走过太多的路，跨过万水千山，途经良辰美景，时而为触手可及的终点线迈步狂奔，也曾因迷茫失意而驻足徘徊，而这一刻，亲爱的你，请握住我伸出的手，陪我一起坐下来，听我读一段属于我们的故事。

只因我走了很远的路，只为了在这一刻，和你相遇。

—

在我行走

很远很远的路上，

四季轮回，

渐暖还生。

—

我们

都曾不堪一击，

我们

终将刀枪不入！

图书在版编目（CIP）数据

我走了很远的路，才来到你的面前 / 小马哥著. --
北京 ：中国轻工业出版社，2018.6
ISBN 978-7-5184-1916-6

Ⅰ. ①我… Ⅱ. ①小… Ⅲ. ①成功心理－青年读物
Ⅳ. ①B848.4-49

中国版本图书馆CIP 数据核字(2018) 第059376 号

责任编辑：翦鑫
策划编辑：翦鑫　　　　　　责任终审：张乃柬
内文装帧：弘果文化传媒　　责任监印：张京华

出版发行：中国轻工业出版社（北京东长安街6 号，邮编：100740）
印　　刷：艺堂印刷（天津）有限公司
经　　销：各地新华书店
版　　次：2018 年6 月第1 版第1 次印刷
开　　本：889×1194　　1/32　　印张：8
字　　数：180 千字
书　　号：ISBN 978-7-5184-1916-6　　定价：45.00 元
邮购电话：010-65241695
发行电话：010-85119835　　传真：85113293
网　　址：http://www.chlip.com.cn
E m a i l：club@chlip.com.cn
如发现图书残缺请与我社邮购联系调换
170238W1X101ZBW